BIBLIOTHÈQUE

DES CHEMINS DE FER

CINQUIÈME SÉRIE

SCIENCES, AGRICULTURE ET INDUSTRIE

Les éditeurs de cet ouvrage se réservent le droit de le faire traduire dans toutes les langues. Ils poursuivront, en vertu des lois, décrets et traités internationaux, toute contrefaçon et toutes traductions faites au mépris de leurs droits.

Le dépôt légal de cet ouvrage a été fait à Paris dans le cours du mois de juin, et toutes les formalités prescrites par les traités ont été remplies dans les divers États avec lesquels la France a conclu des conventions littéraires.

Ch. Lahure, imprimeur du Sénat et de la Cour de Cassation
(ancienne maison Crapelet), rue de Vaugirard, 9.

LE

JARDINAGE

OU

L'ART DE CRÉER ET DE BIEN TENIR UN JARDIN

PAR A. YSABEAU

PARIS

LIBRAIRIE DE L. HACHETTE ET Cie

RUE PIERRE-SARRAZIN, N° 14

1854

PRÉFACE.

Avoir un bon jardinier, dans le vrai sens du mot, n'est pas chose aussi commune qu'on le pense ; un bon jardinier devient bien vite mauvais s'il sent qu'il n'est ni dirigé ni bien apprécié. Mais quand le propriétaire et le jardinier possèdent la somme relative de connaissances en horticulture qui convient à l'un et à l'autre, tout vient à bien, tout fleurit, tout prospère dans le parterre, dans le potager et dans le jardin fruitier ; c'est à ce résultat désirable que notre volume du *Jardinage* a l'espoir de concourir.

Nous traiterons successivement des principales divisions de l'horticulture, savoir : les FLEURS, comprenant le *parterre*, le *bosquet*, l'*orangerie* et les *serres froide*, *tempérée* et *chaude ;* les LÉGUMES, comprenant la tenue du jardin potager et la production des primeurs ; et les FRUITS, comprenant les principes de la taille et de la conduite des arbres fruitiers, et ceux de la culture des mêmes arbres dans les serres à forcer. Nous nous attacherons particulièrement à donner à chaque explication la clarté et la précision qu'elle doit avoir pour être accessible aux lecteurs auxquels ce livre est spécialement destiné.

LE JARDINAGE.

CHAPITRE PREMIER.

LE PARTERRE.

I. Création d'un parterre. — Sol. — Exposition. — Distribution.

1° *Sol.* Il arrive assez rarement que l'acquéreur d'une habitation champêtre ait à créer un jardin; cette nécessité n'existe d'ordinaire qu'à l'égard des maisons de campagne nouvellement construites : le plus souvent, il s'agit seulement de modifier le jardin, et particulièrement le parterre, selon le goût et les vues du nouveau propriétaire. Dans ces deux suppositions, l'on doit prendre pour base quelques principes qu'il est nécessaire de ne jamais perdre de vue.

Avant tout, la nature du sol doit être prise en considération. Le plaisir de cultiver des fleurs en pleine terre se change en une contrariété de tous les instants, si le sol est d'une nature rebelle à la végétation des plantes d'ornement.

De nos jours, la facilité et la rapidité des communications mettent à la disposition des horticulteurs les plantes de tous les pays de l'ancien et du nouveau continent dont la température moyenne se rapproche plus ou moins de la nôtre; et comme, en fait de climat, l'*altitude* des lieux compense la latitude, la flore d'une partie des régions tropicales, hérissées de hautes montagnes, fournit une foule de plantes aux parterres du centre de l'Europe. Cette ressource permet de réunir, dans les plates-bandes de nos jardins

a

botaniques, des plantes habituées à végéter dans des terrains très-divers. Un bon sol moyen, pour un parterre, doit être à la fois riche, léger et suffisamment profond. Cet assolement varié convient au plus grand nombre des végétaux d'ornement ; il se prête avec la plus grande facilité aux amendements spéciaux qui le rendent plus particulièrement propre à tel ou tel végétal.

Une bonne terre normale de parterre doit contenir, dans de justes proportions, la chaux, l'argile, le sable et les débris de végétaux constituant ce qu'on nomme le *terreau*. Pour peu que l'argile y soit en excès (ce dont on s'aperçoit aisément à la difficulté avec laquelle elle se laisse pénétrer par l'eau des pluies), il ne faut pas hésiter à l'amender avec du sable siliceux fin. Si, en l'essayant avec quelques gouttes d'acide sulfurique, elle ne donne point ou presque point d'effervescence par le dégagement de l'acide carbonique, c'est qu'elle ne contient pas assez de chaux ; on en ajoute avec précaution, en ayant soin que cette chaux soit préalablement bien *délitée* à l'air libre, afin qu'elle s'incorpore exactement à la terre. Dans le cas où le sol du parterre manque tout à fait de chaux (ce qu'on reconnaît à l'aide de l'acide sulfurique qui, dans ce cas, ne produit aucune effervescence), il doit être *chaulé* à fond, à forte dose. La meilleure méthode à suivre, c'est de faire lever des gazons très minces et de les stratifier, par lits alternatifs, avec de la chaux vive, puis de recouvrir la masse avec de la terre. Au bout d'un mois ou deux, les gazons sont consommés par l'action de la chaux, qui est elle-même éteinte et suffisamment divisée ; on incorpore le tout exactement par un travail soigné à la bêche, après quoi le mélange de chaux et de gazon est répandu sur les plates-bandes du parterre et enfoui, par un labour à la bêche, à l'époque où le parterre prend sa tenue d'hiver.

On tient de plus en réserve de bonne terre franche jaune à froment, pour planter les rosiers, chèvrefeuilles et autres arbustes admis dans le parterre, et, pour beaucoup de plantes délicates, du terreau de feuilles et de couches rompues, qui, étant incorporé au besoin au sol préparé comme on vient de l'indiquer, le rend propre à recevoir toutes les plantes d'ornement.

2° *Exposition*. Il n'est pas toujours possible de choisir pour un parterre la meilleure exposition. L'architecte chargé de construire la maison d'habitation doit surtout avoir égard à des considérations d'alignement, de point de vue et de salubrité; le parterre, dans tous les cas, doit être tracé le plus près possible de la maison, pour contribuer à son agrément : il ne peut donc pas toujours l'être dans les conditions les plus favorables à la bonne végétation des plantes. Quand le choix est libre à cet égard, la meilleure exposition, pour le parterre, est celle du sud-est ou du sud-ouest, légèrement en pente, recevant en plein l'air et le soleil, mais à portée cependant d'un rideau d'arbres propre à rompre la violence des vents qui règnent le plus habituellement. Là où cette condition n'est pas remplie, le vent casse ou renverse les plantes d'ornement à tiges herbacées d'une grande hauteur, telles que le gladiolus, le dahlia et la rose trémière, qui sont toutes très-fragiles à l'époque de leur floraison.

3° *Distribution*. La distribution des plates-bandes du parterre dépend beaucoup de l'étendue et de l'ordonnance du jardin dans son ensemble. Les plates-bandes carrées, encadrant des compartiments formés de lignes droites et bordant des allées à angle droit, ne sont plus guère admises que dans les grands jardins publics; dans les jardins, même de grandes dimensions, joints à des maisons de campagne, les formes ovales et arrondies, au tournant des allées, sont regardées comme les plus gracieuses. On doit éviter de donner aux plates-bandes une trop grande largeur, ce qui éloignerait trop du regard du promeneur certaines plantes d'ornement dignes d'être admirées de près.

Quand les plantes de collection, jacinthes, tulipes, anémones, renoncules, ont une place assignée dans le parterre, cette place doit toujours être disposée de manière à permettre de tout voir en circulant autour de chaque compartiment; il serait ridicule qu'il fallût recourir à une lorgnette pour pouvoir apprécier les collections de fleurs de pleine terre. La même observation s'applique à l'emplacement destiné à la collection de rosiers greffés ou francs de pied, à haute tige ou en buissons; on doit toujours pouvoir s'approcher des roses pour admirer leurs couleurs ou respirer leur parfum.

II. Engrais, irrigations. — Tenue du parterre en toute saison.

1° *Engrais.* C'est une erreur commune à beaucoup de propriétaires de croire que les plates-bandes du parterre peuvent se passer de fumier; les plantes d'ornement, comme toutes les plantes cultivées, vivent d'engrais : elles en absorbent même beaucoup. Nous ne parlons pas ici des amendements dont il a été question plus haut; nous supposons la terre préalablement amendée : si l'on veut que ces plantes y prospèrent, il leur faut de plus du fumier, il leur en faut en abondance. Sans doute l'aspect du fumier n'a rien de gracieux à la vue; on doit alors se hâter de l'enfouir en assez grande quantité, soit à l'entrée de l'hiver, soit dès les premiers jours du printemps, pour qu'il n'y ait plus à y revenir. Outre cette fumure, on doit tenir en réserve du guano, de la bouse de vache desséchée et pulvérisée, du crottin de cheval et de la colombine (fiente de volaille), pour diverses cultures particulières, qui réussissent difficilement sans l'emploi de ces engrais.

2° *Irrigations.* Avant d'établir le parterre, n'importe sous quelle forme, il faut s'assurer en outre de la quantité et de la qualité de l'eau dont on pourra disposer pour l'irrigation. Le nombre des fleurs qu'il est possible d'admettre dans le parterre est singulièrement restreint, lorsqu'au lieu d'y rencontrer de bonne eau en abondance on n'a que de l'eau de qualité médiocre et en petite quantité. Toute eau qui dissout facilement le savon est bonne pour l'irrigation du parterre.

Beaucoup de plantes à végétation très-énergique ont besoin, surtout dans un sol peu fertile par lui-même, d'être aidées, au moment de leur floraison, par des arrosements fertilisants qu'on prépare en délayant dans de l'eau, à diverses doses, du guano, du crottin de mouton ou de la colombine. En temps de sécheresse, il vaut mieux ne pas arroser du tout que de donner seulement un arrosage superficiel. Quand on mouille seulement la surface du sol altéré, l'évaporation rapide d'une quantité d'eau insuffisante fait plus de mal que de bien aux plantes du parterre; leurs racines n'en sont que plus altérées : il eût mieux valu ne pas les arroser du tout.

3° *Tenue de printemps*. L'ordre, la propreté, la régularité doivent régner dans le parterre *en toute saison;* même dans les plus mauvais jours de l'année, s'il survient un pâle rayon de soleil d'hiver, il doit toujours y avoir dans le parterre quelque plante qui en profite et qui attire les promeneurs. Au printemps, toutes les plantes vivaces qui ont vieilli sont levées et dédoublées au besoin, puis replacées dans les plates-bandes amendées et fumées selon la nature du sol et les circonstances locales. Deux opérations essentielles assurent au parterre sa bonne tenue de printemps : les *semis* et les *transplantations*. En semant les plantes annuelles de pleine terre, on doit prévoir le temps qui s'écoulera en moyenne jusqu'à leur floraison; il faut avoir égard aux dimensions que prendront les plantes, au coloris de leurs fleurs, et en outre aux semis qui ne pourront être faits que plus tard, et dont l'emplacement doit être réservé. Beaucoup de vides étant à combler, on en fait disparaître une partie par la transplantation des plantes bisannuelles, élevées de semis l'année précédente et cultivées en pépinière pour cette destination. Les semis en place se font par un temps calme et doux, dans la terre plutôt sèche que trop humide; les transplantations se font dans une terre plutôt mouillée que trop sèche, par un temps humide, et autant que possible à l'approche d'une ondée de pluie douce, qui favorise la reprise des plantes. Pour que le parterre se trouve tout à fait dans sa tenue de printemps, il importe de donner un soin particulier aux bordures qui entourent ses plates-bandes. Le buis, la statice, les œillets mignardises et les bellis à fleurs doubles sont les bordures vivaces les plus usitées ; on sème en outre, en dedans de celles-ci, des bordures annuelles de julienne de Mahon (*Hesperis maritima*) et de pied-d'alouette nain. Le buis a l'avantage de la durée, mais l'inconvénient grave de servir de refuge à des milliers de limaces, qui dévorent, à mesure qu'elles lèvent, les jeunes plantes annuelles d'ornement ; d'un autre côté, les bordures florifères exigent plus de soins d'entretien, mais elles sont, au total, de beaucoup préférables aux bordures de buis.

4° *Tenue d'été*. Deux mots expriment le caractère de la tenue du parterre en été : *profusion* de fleurs sans *confusion*. Ainsi, à mesure que les roses se fanent, elles doivent, jour par jour, être supprimées, pour que rien n'attriste le regard et n'empêche les roses toutes fraîches de briller de tout leur éclat. A mesure qu'une plante d'ornement a *passé fleur*, selon l'expression reçue, elle doit faire place à d'autres, sauf un petit nombre des plus vigoureuses de chaque espèce, réservées comme porte-graines. De plus, tandis qu'on jouit de la floraison d'été, il importe de songer à celle d'automne, et de planter en temps convenable, selon le climat local, les dahlias, les chrysanthèmes, les zinnias, sans oublier l'humble réséda et toute la série des plantes d'ornement qui doivent orner et parfumer le parterre en automne. Si l'été est humide, la bonne tenue du parterre en été est singulièrement contrariée par les limaces, qui, dans ce cas, multiplient excessivement et rongent le feuillage et les jeunes pousses des plantes d'ornement ; elles ne disparaissent tout à fait que pendant les sécheresses prolongées. Pour diminuer leurs ravages, on place tous les soirs, de distance en distance, sur les plates-bandes du parterre, des feuilles de chou et de laitue qu'on enlève tous les matins ; on les trouve remplies de limaces qui sont venues y chercher un souper et un gîte : ce sont autant d'ennemis de moins.

Dans l'état actuel de l'horticulture, un des éléments indispensables de la bonne tenue du parterre, en été, c'est un assortiment de plantes de serre froide ou de serre tempérée, qui, comme les *fuchsias*, les *verveines*, les *pélargoniums*, les *cinéraires*, les *lantanas*, les *cuphéas*, les *lobélias*, et plusieurs autres, bien qu'elles ne puissent vivre à l'air libre toute l'année sous notre climat, passent parfaitement la belle saison dans les plates-bandes du parterre. Les unes y sont mises en pleine terre pour être *rempotées* et réintégrées dans la serre à l'approche du mauvais temps; les autres restent dans leurs pots enterrés, ce qui les associe aux plantes de pleine terre en fleurs à cette époque de l'année. Grâce à cette ressource, les trois mois d'été sont la période la plus brillante de la floraison du parterre.

5° *Tenue d'automne.* La tenue d'automne du parterre, quoiqu'un peu moins splendide que celle d'été, n'en déploie pas moins un grand luxe de végétation. C'est le moment où le dahlia, ce roi de l'automne, ainsi que l'ont surnommé les Anglais, est dans toute sa beauté. Les plantes qui ont fleuri et donné leur graine ont laissé de grands vides qui doivent être soigneusement comblés, ainsi que ceux qui résultent de la rentrée successive dans la serre des plantes qui doivent quitter le parterre longtemps avant la fin de l'automne. On a, pour remplir ces lacunes, les *asters*, les *balsamines*, les *tagètes*, les *coréopsis*, et toutes les plantes tenues d'avance en réserve à cet effet. Il faut que l'arrivée des premiers froids, souvent très-précoces sous le climat de Paris, surprenne le parterre avec sa parure au complet, afin que, quand une partie de sa décoration est détruite par les premières gelées, il y ait encore assez de fleurs pour en rendre la promenade agréable sous l'influence des derniers rayons du soleil, si doux au déclin de l'automne, jusqu'à ce qu'enfin il n'y reste plus que les chrysanthèmes, la sauge éclatante et le modeste réséda, qui tiennent les dernières jusque fort avant en novembre, époque à laquelle le parterre doit revêtir sa tenue d'hiver.

6° *Tenue d'hiver.* Le mois de novembre, en emportant les dahlias, les chrysanthèmes et les dernières fleurs du réséda, donne le signal de la tenue d'hiver, que le parterre doit prendre à cette époque. Des allées bien sablées, des bordures en bon état d'entretien, des arbres verts de petites dimensions, tels que des *houx panachés* et des *cotoneasters* avec leurs baies de corail, des perce-neige (*Galauthus niva-lis*) et quelques violettes qu'on aime à glaner dans les en-droits bien abrités, donnent encore un certain charme à la promenade dans le parterre pendant les rares beaux jours de la mauvaise saison, qui semblent d'autant plus agréables qu'on n'a pas eu le droit de les espérer.

III. Plantes d'ornement de collection de pleine terre.

On nomme, en jardinage, *plantes de collection*, celles qui, comme les jacinthes, les tulipes, les renoncules, les anémones, les dahlias, les chrysanthèmes, les œillets, les rosiers, et une foule d'autres, contiennent dans un seul genre assez d'espèces, ou dans une seule espèce assez de variétés et de sous-variétés, pour qu'il soit possible d'en former des collections. Ces plantes tiennent le premier rang parmi celles qui concourent à l'ornement du parterre; elles doivent donc être mentionnées en première ligne : nous passerons en revue celles qu'il importe le plus de bien connaître.

1° *Crocus.* Cette charmante petite plante bulbeuse a un mérite qui la rend tout à fait indispensable au printemps : c'est son extrême précocité. Les variétés et sous-variétés figurent en grand nombre sur les catalogues d'horticulture, avec des noms distincts; en réalité, l'œil le moins exercé saisit aisément une vingtaine de fleurs assez différentes pour ne pas être confondues, dans les nuances jaune-feu, violet, fond blanc rayé de violet et blanc pur. Rien ne réjouit la vue comme des lignes de ces jolies fleurs, d'une fraîcheur éclatante, qui, même après un hiver rigoureux, sortent de terre aussitôt après les fortes gelées, en même temps que la perce-neige, avant la violette et l'hépatique. Les crocus n'exigent aucun soin de culture particulier; tous les trois ans on relève les touffes pour séparer les jeunes bulbes et renouveler la collection, afin que les fleurs ne dé-génèrent pas; les bulbes des crocus ne gèlent pas, même pendant les froids les plus rigoureux qu'on puisse craindre sous le climat de Paris.

2° *Pensées*. Il n'y a pas bien longtemps que la pensée s'est élevée au rang des plantes de collection : l'honneur en revient à l'horticulture anglaise, qui, par des semis heureux et des soins intelligents, a singulièrement perfectionné cette jolie fleur ; aussi a-t-on longtemps désigné les pensées de collection sous le nom de *pensées anglaises*. La pureté des nuances, l'ampleur de la corolle bien étalée, sans plis, et la forme, aussi rapprochée que possible du cercle parfait, sont les conditions principales que les amateurs recherchent dans une belle pensée. Semée au printemps, en place, la pensée donne une belle floraison en été, mais elle passe de bonne heure ; semée en été, puis repiquée dans un lieu ombragé, elle donne seulement quelques fleurs en automne, mais elle passe facilement l'hiver au pied d'un mur au midi ; transplantée de très-bonne heure au printemps, elle fleurit en abondance : c'est la vraie méthode pour avoir en été une belle collection de pensées.

3° *Tulipes*. Bien qu'elles ne soient plus en faveur comme à la fin du dernier siècle, les tulipes sont encore très-justement recherchées d'un grand nombre d'amateurs. Les collections complètes en contiennent plusieurs centaines de sous-variétés. La hauteur de la *hampe*, ou tige florale, la régularité et l'ampleur de la corolle, la netteté des bandes longitudinales de couleurs bien tranchées, et la vivacité du coloris, comme chez le *drap d'or* et le *feu d'Austerlitz*, sont les principales qualités recherchées dans une tulipe de collection.

Pour cultiver avec succès les tulipes et jouir de toute leur beauté, il faut leur consacrer une plate-bande à part dont on enlève la terre pour la remplacer par une terre spéciale préparée un an d'avance et formée d'un mélange, par parties égales, de bonne terre franche de jardin et de terreau de feuilles. Les bulbes de tulipes y sont plantées en septembre, avec le soin de bien assortir les séries, dont les principales sont fond blanc rayé de rouge, fond lilas clair rayé de violet foncé, et fond jaune rayé de rouge ou de pourpre. Les tulipes ne gèlent pas et n'ont pas besoin de couverture en hiver. Pendant la floraison, il est très-utile de les couvrir d'une tente en canevas clair reposant sur un léger châssis en bois ; autrement la fleur ne dure pas ; une ondée de pluie l'abat, ou bien un rayon de soleil un peu vif la fait passer en un moment. Les bulbes des tulipes doivent être chaque année levées de terre pour être séchées à l'air libre et conservées dans un lieu sec jusqu'au moment de la plantation. On les arrache dès que leurs feuilles commencent à se flétrir. A moins qu'on ne se propose d'en utiliser la graine pour la multiplication de semis (auquel cas on attend la floraison douze ou quinze ans), il ne faut pas laisser les bulbes se fatiguer inutilement par la production de la semence ; les hampes défleuries sont par conséquent coupées longtemps avant l'arrachage des bulbes. Quoique celles-ci durent fort longtemps, lorsqu'on tient à maintenir la collection au complet, il faut, pour avoir toujours de quoi remplacer les morts ou les malades, séparer et planter à part, tous les ans, une partie des *caïeux* (jeunes bulbes), qui deviennent avec le temps en tout semblables à la plante mère.

4° *Jacinthes.* Les collections de jacinthes ont conservé dans nos parterres plus de faveur que les tulipes ; elles justifient cette préférence par deux avantages importants dont la tulipe est privée : la durée de la floraison et une odeur suave qui parfume le jardin dès les premiers beaux jours. Les jacinthes se plantent en automne, comme les tulipes ; elles viennent très-bien dans une bonne terre de jardin, plutôt légère que forte. Cette plante craint les grands froids ; pour l'en préserver, en hiver, on la couvre de feuilles ou de paille sèche ; le fumier frais, placé par-dessus en couverture, ferait pourrir en partie les oignons des jacinthes et ruinerait la collection. Le blanc pur, le bleu et le violet de toutes les nuances, le rose, le rouge et le jaune paille, sont les couleurs dominantes dans les collections de jacinthes. Au moment de la plantation, on a soin de les assortir. Quand les bulbes sont levées de terre, les meilleurs caïeux sont réservés pour être élevés en pépinière, comme les caïeux des tulipes.

5° *Renoncules.* La renoncule a pour elle la forme et la couleur ; le parfum seul lui manque. Les *griffes* de renoncules se plantent de bonne heure, au printemps, dans un sol riche et très-profondément défoncé ; car les racines fibreuses qui partent de la griffe s'enfoncent fort avant dans la terre, et la floraison des plantes est d'autant plus parfaite que ces racines ont pu y pénétrer à une plus grande profondeur. Les nuances foncées sont les plus recherchées dans la floraison des renoncules : il en est d'un ton pourpre approchant du noir qui produisent un très-bel effet, par leur contraste avec les nuances jaune clair, rose et rouge vif, qui dominent dans l'ensemble des collections. Les griffes sont levées après la floraison, quand les feuilles commencent à jaunir. On peut les replanter tous les ans ; on peut aussi en réserver une partie pour la plantation de l'année suivante ; elles n'éprouvent pas le mouvement de végétation qui épuise les plantes bulbeuses, lorsqu'on s'abstient de les planter au printemps. Les griffes *reposées*, après un an passé dans le tiroir, donnent ordinairement une floraison plus belle que celles qu'on plante tous les ans sans interruption. On se procure à peu de frais une collection de renoncules, en semant la graine des fleurs semi-doubles dans de la bouse de vache desséchée à l'air, pulvérisée et ramenée au degré d'humidité convenable. Les jeunes griffes fleurissent la seconde année.

6° *Anémones.* La culture de cette plante et ses conditions de succès sont les mêmes que celles de la renoncule. Les griffes se plantent tous les ans ; la multiplication par le semis des graines se fait aussi dans les mêmes conditions. Après avoir été longtemps et très-injustement dédaignée, l'anémone reprend faveur de nos jours, et elle le mérite sous tous les rapports.

7° *Rosiers.* La rose est toujours la reine des fleurs ; le nombre prodigieux de sous-variétés qu'elle a données depuis un demi-siècle l'a élevée au rang de fleur de collection. L'importance du rosier pour la décoration des jardins nous oblige à entrer dans quelques développements. A ne considérer que ses divers emplois pour la décoration du parterre, le rosier se prête à une foule de destinations différentes. Les espèces de fortes dimensions, comme la cent-feuilles, toujours sans rivale, la rose d'York, blanche, au cœur couleur de chair, et la rose des quatre saisons, formant de grands arbustes très-florifères, à odeur très-prononcée, sont à leur place à l'entrée des bosquets; elles servent de transition entre les plantes du parterre et les arbres des massifs. Les rosiers greffés sur églantier à haute tige, ou greffés près de terre pour former des buissons, constituent, à proprement parler, les collections de rosiers auxquelles un compartiment à part doit être consacré dans le parterre. Les roses de la Chine, aux nuances éclatantes d'un rouge foncé, quoique sensibles au froid, passent aisément l'hiver dans le parterre, moyennant une légère couverture de feuilles sèches, ce qui oblige à tailler court tous les ans cette série de rosiers, qui, d'ailleurs, n'en refleurit qu'avec plus d'abondance ; ces rosiers conviennent aux jardins de peu d'étendue. Les roses Boursault, Fortune, Bougainville, et une partie de la série des roses Noisette, appartiennent à des arbustes sarmenteux très-propres à couvrir un treillage, soit sur un pan de mur qu'il faut dissimuler, soit sur un berceau qu'il faut ombrager. La rose du Bengale, si rustique qu'en Italie, et même dans le midi de la France, on forme avec ces rosiers des haies qu'on taille sans plus de cérémonie que les haies d'aubépine, se recommande par son abondante floraison ; c'est la plus remontante de toutes les roses ; elle a, par ce motif, sa place assignée de distance en distance dans le parterre, où les premières gelées surprennent le plus souvent les rosiers du Bengale tout chargés de boutons. Telles sont les principales séries de rosiers et leurs destinations naturelles.

Les collections de rosiers greffés ont pour base les rosiers de l'île Bourbon et leurs variétés hybrides. Notons, en passant, qu'à l'époque où le marquis de Villaresi, en Italie, appliqua le premier l'hybridation à la conquête de variétés nouvelles de rosiers, nul ne soupçonnait les merveilles qu'il est possible d'opérer en horticulture et même en agriculture par ce procédé, qui n'a pas dit son dernier mot.

Les collections de rosiers greffés sur églantier veulent une bonne terre franche, plutôt forte que légère. On les taille tous les ans avant la reprise de leur végétation. Ceux qui fleurissent mal ou ne fleurissent pas du tout doivent être déplantés une ou deux fois, ne fût-ce que pour les replanter à quelques mètres seulement de leur première position ; le fait seul de leur changement de place pendant le sommeil de leur végétation les rend aussi florifères que le comporte leur espèce. Les rosiers ont pour ennemi le turc, ou ver blanc du hanneton, qui dévore leurs racines ; on les en préserve en plantant entre les lignes de rosiers des fraisiers, que le ver blanc attaque de préférence à toute autre plante. Quand un fraisier se flétrit subitement, on peut être assuré qu'il est rongé au collet de la racine par un ou plusieurs vers blancs ; on les enlève d'un coup de bêche : ce sont autant d'ennemis de moins pour les rosiers.

8° *OEillets*. Considérés comme plante d'ornement de pleine terre, les œillets peuvent se diviser en deux séries : l'œillet de jardin et l'œillet d'amateur. L'œillet de jardin, dont les principales variétés sont le rouge uni, le blanc uni, le panaché rose et rouge, le violet et le jaune bordé de rouge ou œillet de Condé, est, en général, plus rustique et d'une culture plus facile que l'œillet d'amateur. On le multiplie aisément de marcotte ; ses tiges, manquant de soutien, ont besoin de l'appui d'un tuteur ou d'un petit treillage en éventail, sur lequel elles sont palissées avec des brins de jonc. L'œillet d'amateur est beaucoup plus délicat que l'œillet de jardin ; plusieurs conditions sont exigées pour son admission dans les collections. La fleur doit former un rond parfait, un peu bombé au centre, exempt de découpures au bord des pétales ; les pistils ne doivent pas dépasser la corolle. Les lignes longitudinales doivent se détacher nettement sur un fond dont aucune fausse teinte, aucun point coloré n'altère la pureté. L'œillet d'amateur se cultive toujours en pot. Lorsqu'il réunit toutes les conditions exigées des connaisseurs les plus difficiles, son prix est quelquefois très-élevé. Il n'est jamais fort commun, parce qu'en raison même de sa délicatesse il ne fournit qu'un très-petit nombre de pousses annuelles propres à la multiplication de marcottes. Pendant la floraison, les pots sont placés sur des gradins ou étagères, afin que chaque fleur soit parfaitement à portée de la vue. L'œillet en fleurs a pour ennemi le perce-oreille (forficule); pour l'en préserver, on suspend, le soir, au tuteur qui soutient la fleur de l'œillet, des sabots de pieds de veau ou de mouton fraîchement tué. Attirés par l'odeur, les perce-oreilles s'y retirent pour passer la nuit; on les y trouve engourdis le matin au point du jour; il est facile ainsi de les détruire.

9° *Dahlias.* La culture, les croisements hybrides et les semis ont prodigieusement accru le nombre des sous-variétés du dahlia; l'horticulture européenne en possède de toutes les nuances et de toutes les dimensions. Lorsque M. de Humboldt trouva le dahlia au Mexique, son pays natal, c'était une fleur insignifiante, dont rien ne permettait de prévoir le brillant avenir. Les Anglais ont avec raison surnommé le dahlia *le roi de l'automne.* Aucune fleur ne pourrait le remplacer dans nos parterres, où sa floraison se prolonge jusqu'à l'arrivée des premières gelées; souvent même une partie des fleurs est perdue, la plante ne résistant pas à un froid d'un ou deux degrés. Pour prévenir cette perte autant que possible, on met de bonne heure, au printemps, les tubercules de dahlia dans de la terre fraîche sous châssis froid. Leurs pousses commencent à s'y développer, en attendant que l'état de la température extérieure permette de les mettre en place dans le parterre : c'est autant de gagné sur l'époque naturelle de la floraison du dahlia. Le turc ou ver blanc est l'ennemi des tubercules du dahlia, au moins autant que des racines du rosier; le fraisier est, pour l'un comme pour l'autre, la plante salutaire employée pour détourner l'ennemi et le détruire.

10° *Chrysanthèmes de l'Inde.* Cette plante, portée par les Chinois à une rare perfection, est devenue fort à la mode en Europe, depuis que, par le semis de ses graines, l'horticulture en a conquis une foule de variétés d'une grande diversité de nuances. Il n'est pas de plante de collection d'une culture plus facile. Dans un sol riche, elle prospère pour ainsi dire sans qu'on s'en occupe; il suffit de diminuer, en été, le nombre de ses tiges florales : car, lorsqu'elles sont trop nombreuses, elles ne donnent pas leurs fleurs avec toute la perfection propre à chaque espèce. Les amateurs chinois ne laissent à chaque plante qu'une tige, et à chaque tige qu'une fleur ; les jardiniers d'Europe, sans tomber dans le même excès, laissent seulement à chaque touffe de chrysanthèmes un nombre de tiges en rapport avec sa vigueur. Les tiges ainsi supprimées peuvent être utilisées comme boutures, même lorsqu'elles sont assez avancées pour être chargées de boutons : ces boutures reprennent toujours et fleurissent comme si elles étaient restées sur la plante mère. Le chrysanthème de l'Inde fleurit très-tard. Moins sensible aux premiers froids que le dahlia, il lui survit dans le parterre, où les fortes gelées le font seules disparaître. Il est bon, pour cette raison, d'en bouturer un certain nombre dans des pots ; ils servent, en hiver, à orner la serre froide et à garnir les jardinières d'appartement.

On place encore au nombre des plantes de collection les *pivoines* herbacées et arborescentes, les *iris xiphoïdes*, les *phlox* et les *auricules ;* mais ces dernières se prêtent peu à la culture en pleine terre et se cultivent particulièrement dans des pots.

IV. Plantes annuelles d'ornement.

Les plantes annuelles d'ornement se multiplient exclusivement par la voie des semis ; leur graine se sème, soit en place, soit sur couche ou sur plate-bande, en pépinière ; on obtient ainsi de jeunes plantes qui, plus tard, seront transplantées à la place où elles doivent fleurir.

1° *Semis en place.* Les semis en place offrent plusieurs inconvénients, dont le plus grave est d'occuper longtemps une place dans le parterre jusqu'au moment de la floraison. Il serait de beaucoup préférable de semer tout en pépinière, si la chose était possible ; mais il y a des plantes annuelles qui, comme les pavots, par exemple, ne supportent pas la transplantation. Il ne faut semer en place que les plantes qu'il est impossible de semer autrement. Au moment de confier les graines à la terre, plusieurs préceptes essentiels doivent être présents à la pensée du jardinier, pour le succès de cette importante partie de ses travaux. Plus les graines sont fines, moins elles doivent être profondément enterrées ; sans quoi leurs cotylédons n'auraient pas la force de soulever la terre pour s'élever au grand jour, et la plante périrait étouffée. Les grosses graines, au contraire, telles que celles des belles-de-jour, des belles-de-nuit et des lavatères, si elles ne sont pas assez recouvertes de terre, ne lèvent pas. Plus la terre du jardin est fertile, plus les plantes annuelles y prendront de développement ; c'est ce qui doit être prévu au moment des semis. Si le jardin est de peu d'étendue, on sème très-serré, pour que les plantes restent de dimensions moyennes et fleurissent autant que possible près de terre ; c'est le contraire dans les grands jardins. Le jardinier doit connaître avec assez de précision, sauf les variations imprévues de la température, le temps moyen qui doit s'écouler entre les semis et la floraison, afin de ne pas renouveler trop tardivement des semis inutiles, les plantes n'ayant plus devant elles assez de beau temps pour fleurir. Il doit aussi apporter un soin judicieux à assortir les fleurs par nuances harmonieuses, et songer à l'odorat des promeneurs en même temps qu'à leurs yeux. Dans ce but, il prodiguera les plantes principalement recommandables par leur parfum, comme le *mimulus musqué* et le réséda. Ces plantes tiennent peu de place, on les voit à peine, mais on en respire l'odeur, et cela suffit pour qu'elles doivent être considérées comme indispensables dans le parterre.

2° *Semis sur couche.* Les semis des plantes annuelles d'ornement qui doivent être transplantées se font, soit sur couche sous l'abri d'un châssis, soit à l'air libre sur une plate-bande à l'exposition du midi. Dans le jardin le plus modeste, il est toujours possible de creuser, dans un coin, une fosse de cinquante à soixante centimètres de profondeur et de dimensions proportionnées à l'importance des semis : on y jette quelques brouettées de fumier de cheval fraîchement tiré de l'écurie ; ce fumier est humecté de quelques arrosoirs d'eau et fortement *piétiné* ; puis on étend par-dessus quinze ou vingt centimètres d'épaisseur de bon terreau ; on pose par-dessus un châssis vitré soutenu sur un coffre en planches; on attend quelques jours, pour que la trop forte chaleur du fumier en fermentation soit passée, et la couche est prête à recevoir les semis. Tout cela n'est ni fort cher ni d'une exécution difficile. En semant sur couche, on gagne du temps, et c'est beaucoup. Les plantes, rapidement développées, sont bonnes à transplanter de très-bonne heure. Quand la chaleur de la couche est épuisée, la température extérieure est devenue assez douce pour qu'on puisse renouveler les semis sur le terreau devenu disponible, comme sur une plate-bande à l'air libre; on a donc, par ce procédé, une quantité double de plant récolté dans les meilleures conditions.

3° *Semis en pépinière; transplantation.* Mais, si les circonstances ne permettent pas d'organiser une couche d'après le procédé qui vient d'être décrit, alors on fait choix d'une plate-bande au pied d'un mur à l'exposition du midi. Cette plate-bande est profondément défoncée, largement fumée, recouverte de vingt centimètres de bon terreau, et la pépinière est constituée. Le terreau étant de sa nature très-léger et sujet à se dessécher rapidement, la pépinière de plantes d'ornement annuelles sera fréquemment arrosée, afin que les graines, quand elles auront commencé à germer, n'éprouvent pas ces alternatives de sécheresse et d'humidité qui font périr les germes avant la formation des jeunes plantes.

A mesure que ces plantes deviennent bonnes à transplanter, elles sont enlevées doucement, de manière que leurs racines conservent une partie du terreau où elles se sont formées, ce qui facilite leur reprise. Quelque temps qu'il fasse, un bon mouillage est indispensable au moment de la transplantation. Nous devons placer ici une remarque importante. Beaucoup de plantes sont trop délicates pour supporter l'arrachage et la transplantation individuelle, telle qu'on la pratique, par exemple, pour les coréopsis, les balsamines et les asters reine-marguerite; c'est pourquoi ces plantes doivent être semées en place; mais, si les touffes ont été semées un peu plus fortes qu'il n'est nécessaire, comme il arrive assez souvent pour les graines très-fines, telles que celles de *schizanthes* et de plusieurs papavéracées, bien que ces plantes ne se transplantent point, on peut, après avoir fortement mouillé le sol, cerner une partie du semis avec un couteau, alors que le plant est encore tout jeune, le lever ainsi en motte, et en former une touffe séparée, sans lui causer le moindre dommage.

V. Plantes bisannuelles et vivaces d'ornement de pleine terre.

La première série de ces plantes se renouvelle exclusivement par les semis ; on multiplie celles de la seconde par le semis de leurs graines et par la division des touffes : ce dernier moyen est le plus usité.

1° *Plantes bisannuelles*. Préparer chaque année dans les meilleures conditions possibles les plantes bisannuelles qui doivent fleurir l'année suivante, c'est pour le jardinier un devoir qu'il doit remplir avec exactitude ; car il y a dans cette série une foule de plantes sans lesquelles le parterre semblerait nu et dégarni. Telles sont en particulier les *silènes*, les *roses trémières*, les *antirrhinums*, les *œillets de poële*, plusieurs *pentstemons*, plusieurs *campanules*, et tant d'autres plantes également indispensables à la décoration du parterre pendant la belle saison.

Les graines choisies avec un soin scrupuleux, toujours récoltées sur les plus belles plantes de chaque espèce, variétés et sous-variétés, doivent être confiées à la terre, les unes sur couche sous châssis froid, les autres sur une plate-bande bien exposée à l'air libre, précisément à l'époque indiquée pour chaque espèce. Les semis se prolongent ainsi depuis les premiers jours de mars jusque vers le 15 mai. L'observation de cette règle pour les semis des plantes bisannuelles est fort importante : plusieurs d'entre elles, semées trop tôt, lèvent mal ; le jeune plant, aux prises avec les derniers froids, languit et, malgré tous les soins qu'il peut recevoir pendant la belle saison, ne forme jamais des touffes vigoureuses, disposées à bien fleurir au printemps ou pendant l'été de l'année suivante. Ces mêmes plantes, semées trop tard, n'ont pas devant elles assez de beau temps pour se consolider, et l'hiver les surprend dans un état de faiblesse par suite duquel elles ont peine à le supporter. Chaque paquet de graine doit porter la date approximative des semis, date variable d'une année à l'autre selon la manière dont se comportent les saisons; c'est à la sagacité du jardinier à le guider dans cette partie de son travail.

La plupart des plantes bisannuelles veulent être repiquées très-jeunes en pépinière, à des distances variables selon les dimensions qu'elles doivent prendre avant la fin des beaux jours. Quelques-unes seulement ont besoin d'une légère couverture pendant les plus mauvais jours de l'hiver; pour la grande majorité, c'est la neige qui leur tient lieu de couverture, et elles ne s'en portent que mieux; il est de règle de ne jamais donner un abri à une plante annuelle qui peut s'en passer pour l'hivernage; on ne ferait, en cherchant à la garantir du froid, alors qu'elle peut le supporter, que la faire végéter à contre-temps et compromettre la beauté de sa floraison l'année suivante.

2° *Plantes vivaces.* Cette série nombreuse et importante de plantes d'ornement est particulièrement à sa place dans les grands parterres. Celles de ces plantes qui, comme les *aconits* et plusieurs *delphiniums, thalictrums* et *molènes,* tendent à s'étendre circulairement en envahissant plus d'espace qu'il ne convient de leur en accorder, ont besoin d'être dédoublées tous les trois ans; quelques-unes doivent l'être tous les deux ans. Ces plantes végètent dans des conditions très-différentes de celles où vivent les plantes annuelles ou bisannuelles, qui n'occupent jamais pendant plus d'une saison la place où elles doivent fleurir, et qui, par conséquent, n'ont pas le temps d'épuiser le sol d'ailleurs fertile, bien labouré et bien fumé où elles ont été repiquées ou semées en place. Les plantes vivaces, au contraire, doivent vivre trois ans de suite, pour la plupart, aux dépens d'un sol qu'elles ne tardent point à épuiser. C'est la raison pour laquelle, la dernière année, leur fleur a si rarement toute la perfection propre à chaque espèce. On ne doit donc pas manquer, chaque fois qu'on rajeunit les touffes en les dédoublant, de renouveler la terre des trous où les nouvelles touffes doivent se former, et d'y mêler une forte dose de l'engrais le mieux approprié à leur végétation. Faute de ces soins, les jardiniers disent souvent (et les amateurs peu éclairés les en croient sur parole) que telle ou telle plante vivace *dégénère* en vieillissant; rien n'est plus faux; elle ne dégénère pas : elle a faim.

VI. Récolte et conservation des graines et des tubercules.

Nous avons eu l'occasion de faire remarquer plus haut combien il importe de donner tout le soin possible à la récolte des graines en temps opportun et sur les plantes les mieux conformées. Pour quelques plantes, il faut un certain degré de sagacité et d'attention pour en venir à bout; ainsi les *pensées* et les *balsamines* portent leur graine dans des capsules dont les divisions, au moment de leur maturité, se séparent subitement en laissant échapper leur contenu ; les *delphiniums* et les *ancolies* portent des capsules allongées, déhiscentes, qui s'ouvrent latéralement et laissent échapper leur graine; les *asters reine-marguerite*, les *coréopsis*, les *zinnias* et toutes les plantes à fleurs composées retiennent si légèrement leurs semences, qu'une fois bien mûres un coup de vent suffit pour les détacher. Ces particularités doivent être connues du jardinier, qui doit savoir prévoir et prévenir la perte des graines, d'après le mode particulier de fructification de chaque plante d'ornement. Pendant la floraison, il doit surveiller ses plantes et tenir note des accidents heureux de végétation qui peuvent s'y manifester par suite du sol, de l'exposition et des autres circonstances locales.

La conservation des griffes, des tubercules et des bulbes est aussi un objet très-digne d'attention; le jardinier peu expérimenté peut commettre à ce sujet bien des fautes irréparables. Le principe qui domine cette division de son travail, c'est que ces organes des plantes, pendant leur période de repos, doivent être dans un sommeil végétal aussi complet que possible, tout en restant à l'abri des atteintes du froid et de l'humidité. Lorsque les bulbes, les griffes et les tubercules ont été levés de terre en temps utile, débarrassés des parties malades ou endommagées, puis placés dans un local convenable, parfaitement sain, ni trop chaud, ni trop froid pour l'hivernage, le jardinier n'a plus qu'à les visiter de temps à autre pour s'assurer de leur bon état et être certain de les retrouver capables de végéter avec vigueur, quand le moment sera venu de les remettre en place dans le parterre.

CHAPITRE II.

I. Création d'un bosquet.

Les Anglais ont adopté les premiers l'usage des jardins paysagers, dont l'origine est évidemment orientale. Les peuples de l'Orient ne connaissent pas nos allées droites et nos compartiments réguliers encadrés dans des lignes géométriques, et cela pour une excellente raison : ils ne se promènent pas. Assis sur des coussins au bord de claires fontaines, à l'ombre de groupes d'arbres associés avec goût, ils jouissent sur place, en fumant, de la vue enchanteresse de leurs jardins émaillés de fleurs et de leurs bosquets odorants. Les Chinois, en raison du caractère étroit de toutes leurs idées, du défaut d'espace pour dessiner de vrais jardins paysagers, et enfin de leur goût prononcé pour le bizarre en tout genre, ajoutent à leurs jardins des ponts, des pagodes et des rochers factices. De tout cet ensemble, les Anglais ont formé ce qu'ils ont nommé à juste titre *landscape gardens*, les *jardins paysagers*, longtemps désignés en France sous le nom de *jardins anglais*. Ces jardins, dans les pays où, comme en France, la propriété est très-divisée, ont l'inconvénient de ne pouvoir se développer avec le genre de beauté qui leur est propre que sur des espaces immenses ; cela peut s'accorder avec les immenses fortunes territoriales de l'aristocratie britannique ; mais les conditions hors desquelles un jardin paysager est insignifiant se rencontrent plus rarement dans les autres contrées de l'Europe. Toutefois, un fragment de jardin paysager, un bosquet aux frais ombrages, peut fort bien s'harmoniser avec un jardin même d'une étendue médiocre ; ce genre d'agrément ajoute beaucoup aux charmes d'une habitation à la campagne, et l'usage s'en propage de plus en plus. Ces motifs nous font un devoir de consacrer un chapitre aux principes qui doivent présider à la plantation, à l'ornement et à l'entretien d'un bosquet.

Lorsqu'on a le choix pour l'emplacement du bosquet, il faut l'établir assez près de la maison d'habitation pour qu'il l'encadre en partie dans ses massifs de verdure, mais en évitant avec soin qu'il n'en masque la vue. A cet effet, celui qui plante un bosquet doit arrêter sa pensée sur les arbres et arbustes, non pas tels qu'ils sont au moment de la plantation, mais tels qu'ils seront quand ils auront accompli toute leur croissance. La chose est d'autant plus facile, que l'horticulture moderne possède l'art de planter dans toute sorte de terrain des arbres déjà forts, sans que leur avenir en soit compromis. Rien n'est plus contrariant qu'une plantation qui végète pauvrement, et dont les arbres finissent par mourir les uns après les autres; pour éviter cette déception, il faut étudier à fond la nature du sol, le défoncer, l'amender au besoin, et finalement n'y planter que les genres d'arbres et d'arbustes qui peuvent y prospérer. Ce choix bien arrêté, le jardinier se tiendra soigneusement en garde contre la manie de la plupart des propriétaires, qui, voulant jouir immédiatement d'un bosquet improvisé, entassent sur un étroit espace quatre ou cinq fois plus d'arbres qu'il ne peut raisonnablement en nourrir. Le moindre mal qui puisse en résulter, c'est que les arbres naturellement les plus vigoureux étouffent leurs voisins, de sorte que les survivants appartiennent tous à un petit nombre de genres et d'espèces, et que l'effet sur lequel on avait compté grâce à la variété des formes et des nuances des feuillages, est totalement manqué. Prenons d'abord un aperçu des éléments dont se compose le bosquet. Ces éléments comprennent trois séries distinctes : 1° les arbustes; 2° les arbres; 3° les plantes d'ornement croissant à l'ombre. Nous les examinerons successivement.

II. Arbustes.

Dans les grands jardins paysagers anglais, on trouve toujours, comme transition entre le parterre et le bosquet, un espace plus ou moins étendu consacré aux arbustes, et qu'on nomme en anglais *shrubbery*. Pour traduire ce mot, il faudrait créer le mot *arbusterie*, qui en serait l'expression fidèle; mais pourquoi ne pas adopter simplement le terme anglais dans la langue de l'horticulture, comme les agronomes de tous les pays civilisés ont adopté le mot anglais *drainage*, et les économistes, le mot *free-trade?* Dans les massifs d'arbustes se rencontrent les genres *syringa* (lilas), *lonicera* (chèvrefeuille), *josikea, sambucus, phyllirea, berberis, ribes,* et une foule d'autres plus ou moins florifères, associés d'après leurs dimensions, le ton de leur feuillage, la couleur de leurs fleurs et l'époque de leur floraison.

L'extérieur des massifs est ordinairement occupé par les arbustes à floraison très-précoce, tels que le *corchorus* du Japon, dont les pompons d'un jaune d'or se marient avec bonheur aux grappes abondantes des fleurs du groseillier sanguin et du groseillier doré, tous aussi précoces et aussi gracieux les uns que les autres. Un peu plus tard fleurissent les tribus nombreuses des lilas, des *josikeas*, des *sambucus*, des chèvrefeuilles, tous recommandables pour l'abondance de leurs fleurs et la variété des nuances de leur élégant feuillage. Vient ensuite la série des arbustes à fruit ornemental : le *cratœgus* (buisson ardent), les houx, les *cotoneasters*, les *berberis*, les *syniphorinums*, parés de leurs blanches boules de cire qui tiennent jusqu'aux premières gelées.

Le centre des massifs d'arbustes est ordinairement occupé par des arbres de petites dimensions, tels que les *cytises* et les *aubépines* à fleur double, rose et blanche. Ces derniers arbres, qui forment naturellement une tête régulière et ne prennent jamais de trop fortes dimensions, ont pour principal avantage la durée de leur brillante floraison. Tandis que l'aubépine simple à fleur blanche ou rose brille à peine pendant quelques jours et se dépouille de sa parure presque subitement, dès que ses baies ont noué, l'aubépine double, à moins d'une température excessivement défavorable au printemps, reste fleurie pendant près d'un mois. La blanche double offre en outre cette particularité que ses fleurs, à mesure qu'elles s'éloignent du moment où elles ont commencé à s'épanouir, tournent au rose, et deviennent même d'un rose prononcé avant de s'effeuiller. La cause de cette durée de la floraison de l'aubépine à fleur double est générale et se manifeste chez toutes les fleurs doubles à divers degrés. Dans la fleur simple, la corolle ne tient que le temps nécessaire pour protéger les fonctions des organes reproducteurs; une fois ces fonctions accomplies, elle se détache. Chez la fleur double au contraire, les organes reproducteurs manquent; ils ont été convertis en pétales. Ces pétales tiennent tant que la branche qui porte la fleur veut bien leur envoyer de la séve pour les entretenir. Or, ce temps se prolonge beaucoup plus que chez la fleur simple, dont l'ovaire une fois fécondé devant se changer en fruit, et ayant sa graine à nourrir, est doué d'une vitalité assez énergique pour attirer toute la séve et l'empêcher d'arriver à la corolle; celle-ci se flétrit donc aussitôt après la fécondation. On voit combien, à part leur beauté, les aubépines à fleur double blanche et rose sont préférables aux mêmes arbres à fleur simple. Il n'en est pas qui conviennent mieux, sous tous les rapports, pour occuper le centre des massifs d'arbustes qui servent, pour ainsi dire, d'introduction au bosquet proprement dit.

III. Arbres.

Les arbres d'ornement propres à la décoration des bosquets se divisent en trois séries distinctes : *arbres florifères, arbres non florifères, arbres à feuilles persistantes*. On peut également tirer parti des uns et des autres.

1° *Arbres d'ornement florifères*. Cette série est assez nombreuse pour qu'il soit possible, sous le climat de Paris, de réunir dans un bosquet de peu d'étendue une variété d'arbres florifères qui permette d'avoir des arbres en fleurs pendant la plus grande partie de la belle saison.

Quelques-uns de ces arbres ne produisent tout leur effet ornemental que dans une situation isolée. Tels sont en particulier le *paulownia* et le *catalpa*, deux arbres tellement ressemblants entre eux par le port et le feuillage que, hors le moment de la floraison, il est facile de les prendre l'un pour l'autre. Le *paulownia*, nommé en langue japonaise *ki-ri*, est un des plus remarquables emprunts faits par l'horticulture moderne d'Europe à la flore du Japon. On sait que la graine du premier paulownia qui ait végété en Europe fut confiée à M. Neumann, chef des serres au Jardin des plantes, par M. de Cussy, qui l'avait reçue directement du Japon en 1834. On rencontre aujourd'hui des paulownias dans tous les jardins publics et privés. La vogue extraordinaire dont cet arbre avait été l'objet à son début, à cause de la beauté de ses grappes redressées de fleurs d'un bleu améthyste, semblables à des fleurs de *gloxinia*, douées en outre d'un très-agréable parfum, ne s'est pas soutenue par suite d'une particularité dans sa manière de fleurir. Les boutons à fleurs se forment en automne et s'épanouissent au printemps de l'année suivante, avant que l'arbre ait pris son feuillage, à moins que ces mêmes boutons n'aient été détruits par un hiver rigoureux, ce qui arrive quelquefois. Le paulownia n'en est pas moins un arbre du premier mérite, surtout sous notre climat, où les arbres d'ornement à floraison bleue ou approchant du bleu ne sont pas communs dans les bosquets.

Lorsqu'on plante isolément un paulownia, on peut le placer de manière qu'au moment de la floraison les fleurs puissent se détacher à peu de distance sur un massif de marronniers d'Inde, qui ne fleurissent que plus tard. Dans ces conditions, la nudité du paulownia à l'époque où il fleurit, ne nuit pas à l'effet ornemental de ses fleurs.

Le *catalpa* ne montre ses belles grappes pendantes de fleurs fond blanc mouchetées de jaune et de pourpre à l'intérieur, que quand il a revêtu son ample et riche feuillage. Cet arbre, en revanche, a un inconvénient contre lequel le jardinier doit se tenir en garde, et qui doit empêcher de le planter isolément sur les points du jardin exposés à l'action des vents violents : son bois manque de solidité. S'il n'a pas été contenu par une taille rationnelle, et qu'on l'ait laissé se former une tête trop volumineuse, il se casse au premier coup de vent, ce qui souvent dérange pour long-temps l'harmonie et l'effet pittoresque de tout un bosquet. Ces accidents doivent être prévus, ce qui borne les planta-tions de catalpa aux localités parfaitement abritées.

Les diverses variétés de *robinier* ou faux acacia, ne fleu-rissant pas toutes à la même époque, sont d'une grande ressource pour l'ornement des bosquets. La fleur du robi-nier (acacia commun des jardiniers) succède à celle du *cercis* (arbre de Judée) et à celle du marronnier d'Inde. Ses masses d'un blanc pur, à odeur de fleur d'oranger, se rencontrent avec la fin de la floraison de l'aubépine rose et du cytise; elle donne ainsi à la fois dans le bosquet trois couleurs très-harmonieuses, blanc, jaune et rose, à côté l'une de l'autre, sur trois tons différents de la plus fraîche verdure. Ces effets doivent être calculés au moment de la plantation. Le *robinier glutineux*, qui fleurit un peu plus tard, donne des fleurs d'un blanc légèrement carné; cet arbre a de plus le rare mérite de refleurir en automne, bien que sa seconde floraison soit toujours moins abondante que la première. Il succède au marronnier à fleur rouge et au *pavier*, proche parent de celui-ci; il est rejoint par la floraison du *vir-gilier* et du *kolreutheria*, deux arbres charmants, chacun dans son genre, qu'on devrait rencontrer dans tous les bosquets. Le dernier produit un double effet, par ses fleurs d'abord, puis par ses siliques boursouflées, dont le vert très-pâle se détache en clair sur un feuillage d'un vert très-foncé.

Le *tulipier de Virginie (liriodendron tulipifera)* serait le roi des arbres florifères de nos bosquets, s'il n'était, sous le climat de Paris, très-difficile à élever. Il lui faut une posi-tion abritée, en avant d'un massif d'arbres à feuilles per-sistantes (pins, sapins, cèdres) et un sol à la fois sain, fer-tile et profond, sans quoi il languit quelques années, ne fleurit pas et finit par mourir jeune, sans avoir donné dans le bosquet autre chose que des déceptions. On ne peut conseiller de planter le tulipier en dehors de ces conditions indispensables à sa réussite.

Nommons encore parmi les arbres florifères le *néflier parasol*, dont la fleur ressemble à celle de l'aubépine, et dont les branches prennent naturellement une disposition qui les rend propres à remplir dans les jardins les fonctions de l'utile instrument dont il porte le nom. C'est encore un de ces arbres qu'on a lieu de s'étonner de ne pas voir partout où il existe un bosquet ou un jardin paysager.

On voit par ce qui précède combien il est facile d'associer les arbres florifères de manière à en obtenir tout l'effet ornemental qu'on en peut attendre, effet en partie perdu quand chacun d'entre eux n'a pas été planté dans les meilleures conditions pour paraître dans le bosquet avec tous ses avantages.

2° *Arbres d'ornement non florifères.* Cette série renferme le plus grand nombre des arbres d'ornement qui peuvent entrer dans la composition d'un bosquet ; elle offre toutes les formes de feuillage et une infinie variété de tons, depuis le vert glauque du saule jusqu'au pourpre foncé du hêtre noir ; l'art consiste à les bien assortir. Quelques-uns ont des destinations tout à fait spéciales : le saule pleureur est naturellement appelé à orner les bords des pièces d'eau ou des rivières artificielles ; le *sophora* pleureur et le frêne pleureur remplissent d'eux-mêmes les fonctions de berceaux ; le *gleditzia macracanthos* veut être placé à l'entrée d'un massif pour montrer ses longues siliques brunes et ses épines bizarrement ramifiées, dont l'effet serait perdu s'il était entouré d'autres arbres. Ceux qui viennent d'être énumérés sont particulièrement propres à occuper dans les pièces de gazon du jardin paysager des points isolés en avant du bosquet proprement dit.

En plantant un massif de bosquet, on doit se souvenir que les arbres qui occupent les bords extérieurs, profitant complétement de l'action de l'air et de la lumière, prendront toujours, toute proportion gardée, plus de développement que ceux du centre du massif ; on choisira donc pour occuper cette situation centrale ceux des arbres d'ornement non florifères qui, comme le platane occidental, par exemple, ne se ramifient qu'à une certaine hauteur et forment naturellement une tige droite, élancée, surmontée d'une tête régulière.

3° *Arbres à feuilles persistantes.* Sous le climat de Paris, cette série est principalement formée des arbres toujours verts, mais d'un vert un peu sombre, de la famille des conifères (pins, sapins, cèdres). Lorsqu'on plante des arbres de cette série, il faut, comme pour ceux de la série précédente, assortir les nuances, car les conifères offrent des tons de verdure très-variés. Quelques-uns, comme le *pinsapo*, le plus élégant de cette série, se distinguent par l'extrême régularité de leur feuillage, et doivent être plantés sur le bord des allées du bosquet, où leurs formes insolites attirent naturellement les regards. Un effet analogue est obtenu par un pied de *cunninghamia* ou d'*araucaria*, qui rappellent l'un et l'autre la flore d'avant le déluge ; mais il ne faut les aventurer à l'air libre qu'à l'exposition du midi, avec la précaution de les entourer d'autres arbres plus élevés, capables de les protéger contre l'action des vents. Le cèdre du Liban est toujours, malgré les nombreux arbres conifères nouveaux introduits récemment en Europe, le premier de cette série ; ceux que peut impatienter la lenteur désespérante de sa croissance peuvent lui substituer le cèdre *déodora* d'Algérie, d'une croissance plus rapide. Dans les sapins proprement dits, le sapin d'Écosse (*hemlock-spruce* des auteurs anglais) mérite une mention spéciale pour la grâce particulière de ses branches retombantes ; il ne faut pas non plus rejeter complétement le vieil if gaulois (*taxus baccata*), qui peut encore tenir sa place dans le bosquet, non plus pour le taillader sous mille formes bizarres, selon le goût peu éclairé de nos ancêtres, mais pour contraster par ses masses du vert le plus sombre avec les conifères au feuillage d'un vert moins obscur. Le laurier de Portugal, le troëne du Japon et quelques autres arbres à feuilles persistantes sans être conifères, peuvent être associés avec bonheur à ceux qui viennent d'être indiqués pour composer dans le bosquet un massif servant de promenade d'hiver.

IV. Plantes d'ornement croissant à l'ombre.

L'ancien usage de laisser la terre nue et dégarnie de toute végétation herbacée sous les arbres du bosquet commence à être abandonné avec juste raison ; car, si la plupart des plantes d'ornement ont besoin de beaucoup d'air et de soleil pour fleurir, l'horticulture moderne en possède un certain nombre qui croissent naturellement sous l'ombrage des grands arbres et semblent faites exprès pour masquer dans le bosquet la nudité du sol et ajouter un plaisir de plus à celui d'y goûter la fraîcheur pendant les chaleurs de l'été. La flore d'Europe met pour cet usage à la disposition du jardinier, la *violette*, la *pervenche*, l'*anémone des bois*, le *muguet* et la *digitale*, auxquelles on peut ajouter, dans les bosquets dont le sol est plus ou moins humide, la *salicaire*, la *grande lysimaque*, les *thalictrums* et la *spirée reine des prés*. La flore étrangère y joint les *némophiles*, l'*hypericum calycinum* et plusieurs *mimulus* qui tous peuvent se passer de soleil pour fleurir, et contribuer à la parure du bosquet en société de plusieurs belles *spirées* de l'Amérique du Nord.

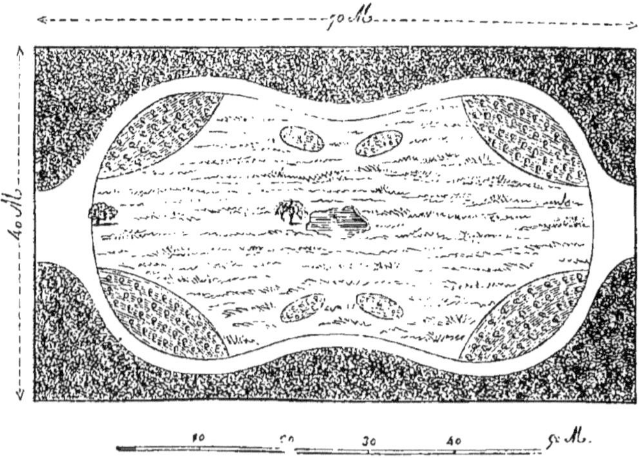

Bosquet de petites dimensions.

Nous indiquons seulement celles des plantes fleurissant à l'ombre qu'il est le plus facile de se procurer partout pour la décoration du bosquet; chaque jardinier connaissant sa profession grossira cette liste en raison du sol, de l'exposition et du climat local, et il lui sera facile de remplir, grâce à ces ressources, les deux indications indispensables à la bonne tenue d'un bosquet : masquer le sol sous la verdure et avoir des plantes en fleurs sous l'ombrage des grands arbres pendant toute la belle saison.

CHAPITRE III.

I. Construction. — Distribution.

Depuis que le goût de l'horticulture s'est répandu dans les classes élevées de la société, une serre est l'accompagnement indispensable de toute maison de campagne. Beaucoup d'architectes habiles ont appliqué leur talent à perfectionner ce genre de construction, pour lequel les bons modèles ne manquent pas : l'amateur n'a que l'embarras du choix.

On rencontre encore assez souvent dans les départements des amateurs qui rassemblent une vingtaine de plantes étiolées sous deux ou trois châssis vitrés en verre à bouteilles, pour se donner la satisfaction de dire : Ma serre; absolument comme certains chasseurs, pour une demi-douzaine de chiens dépareillés, disent : Ma meute. Rien n'est moins judicieux que l'économie en pareille matière. Si la dépense de la construction d'une serre et la culture des plantes intertropicales dépassent vos moyens, abstenez-vous. Autant ce genre de culture procure de jouissances quand il est pratiqué dans de bonnes conditions, autant dans le cas contraire il engendre de mécomptes et de contrariétés.

D'ailleurs, le luxe d'une serre bien établie, pourvue de tout ce qui peut y faire réussir la culture des plus belles plantes des deux hémisphères, devient de jour en jour moins coûteux par les améliorations incessamment apportées à la fabrication des deux principaux matériaux dont une serre se compose, le *fer* et le *verre*.

Les plantes que doivent abriter les serres, ayant des tempéraments et des besoins très-divers, veulent être soumises à des températures très-différentes les unes des autres. De là les distinctions établies entre les divers genres de serres froides, tempérées et chaudes, auxquelles il faut ajouter l'orangerie, bien qu'elle ne soit pas une serre à proprement parler.

1° *Orangerie et serre froide*. La serre froide tend à remplacer partout l'orangerie. Si cette substitution n'est pas déjà un fait accompli, c'est que beaucoup d'orangeries appartenant à des jardins publics, ou dépendant de grands parcs attenant à des propriétés privées, sont des constructions solides, souvent fort élégantes, qu'on a regret de sacrifier. Mais toutes sont destinées à disparaître avec le temps ; la raison en est simple ; elle mérite d'être signalée.

L'orangerie est un bâtiment tout en maçonnerie, garni seulement sur le devant de grandes fenêtres, spécialement destiné, comme son nom l'indique, à l'hivernage des orangers et des arbres ou arbustes du même tempérament, qui veulent être non pas chauffés, mais seulement préservés des atteintes du froid pendant la mauvaise saison. Il fait toujours assez chaud dans l'orangerie quand il n'y gèle pas.

La serre froide est une construction où le fer, le verre et le bois jouent le rôle principal, comme dans toutes les serres proprement dites, quelle que puisse être leur destination. Si elle est à un seul versant, elle repose sur un mur de fond en maçonnerie ; si elle est à deux versants, elle n'a de maçonnerie que jusqu'à un mètre au-dessus du sol : la lumière y pénètre donc de tous les côtés. Cette seule différence, qui la distingue essentiellement de l'orangerie, est fort importante pour le jardinier ; car, bien que la serre froide se gouverne précisément comme l'orangerie quant à la température, et que l'on ne fasse pas plus de feu dans l'une que dans l'autre, une foule de plantes qui dans l'orangerie s'étioleraient et périraient faute de lumière, viennent parfaitement dans la serre froide. Non-seulement la serre froide, à égalité de dimensions, ne coûte pas plus à établir que l'orangerie, mais encore le moment approche où, par la réduction des prix et l'amélioration dans la fabrication du fer et du verre, la serre froide pourra être construite à meilleur

c

marché. On comprend que dès lors le propriétaire amateur d'horticulture préférera; à dépense égale, la serre froide, qui peut abriter un assortiment très-varié de plantes exotiques , à l'orangerie propre seulement à l'hivernage des orangers, des citronniers, des nériums, des grenadiers, et de quelques autres plantes d'un tempérament analogue à celui de ces arbres, auxquels le défaut de lumière en hiver nuit moins qu'à beaucoup d'autres.

Nous avons dit que la serre froide se construit à un seul versant en appentis contre un mur exposé au midi, ou bien à deux versants, par conséquent presque sans maçonnerie. Pour les serres froides de petite dimension, le premier système est le meilleur; il permet d'allumer le feu très-rarement dans la serre froide en hiver. Pour celles de grande

Serre d'un seul versant.

dimension, le second est préférable, parce que, s'il rend nécessaire l'emploi un peu plus fréquent de la chaleur artificielle, il permet par compensation de garnir la serre d'un assortiment de plantes plus varié, en raison de l'abondance de lumière qui y parvient de toutes parts.

2° *Serre tempérée.* La serre tempérée peut être, comme la serre froide, à un ou à deux versants ; elle revêt, selon le goût et la position de fortune du propriétaire, toutes sortes d'ornements intérieurs et extérieurs. Les grandes serres tempérées sont souvent distribuées comme de vrais jardins couverts, avec des allées, des siéges, des fontaines, des piliers élégants autour desquels grimpent des *passiflores* ou des *maadevilleas suaveolens ;* ce sont en même temps des lieux de promenade et des asiles pour les plantes des contrées tropicales.

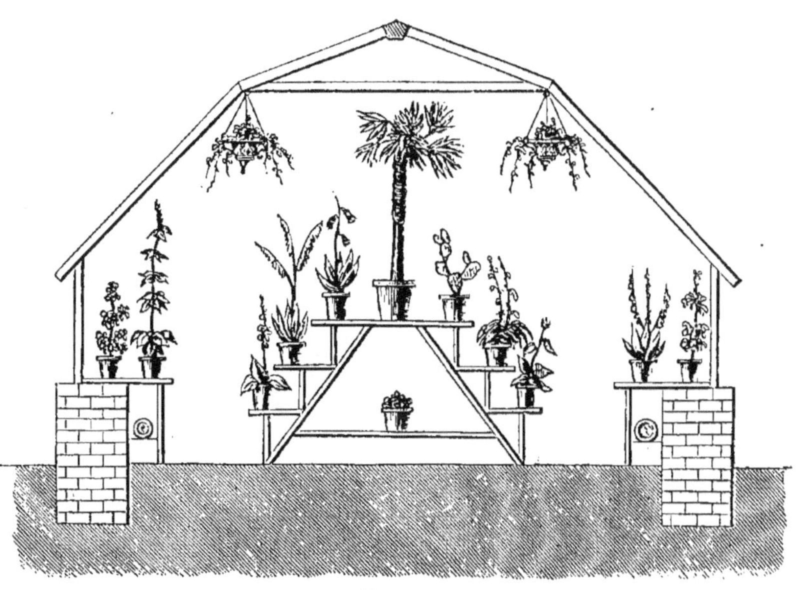

Jardin couvert.

On divise habituellement la serre tempérée en plusieurs compartiments, dont chacun est chauffé à des degrés divers, selon les besoins des plantes qui doivent y vivre. La serre tempérée se distingue essentiellement de la serre froide en ce que, dans la première, l'emploi du feu n'a pour but que d'empêcher la gelée d'y pénétrer ; elle ne renferme que des plantes dont la végétation sommeille en hiver. La serre tempérée doit être chauffée presque toute l'année, sauf pendant la partie de la belle saison où les plantes de serre tempérée sortent pour prendre l'air ; elle n'abrite que des plantes dont l'hiver n'arrête pas la végétation, parce que dans leur pays natal il n'y a pas d'hiver. Un appareil de chauffage permanent, pouvant fonctionner en tout temps, est donc indispensable dans la serre tempérée.

Serre à deux versants.

3° *Serre chaude.* La serre chaude diffère de la serre tempérée en ce que le feu n'y est presque jamais interrompu, et que les plantes de serre chaude n'en sortent jamais ; elles appartiennent toutes à la flore des contrées les plus chaudes du globe. L'amateur de cette série de plantes ne peut guère se dispenser d'en avoir au moins deux, une serre chaude sèche et une serre chaude humide. L'une et l'autre peuvent n'être que deux compartiments de la même construction.

Nous devons signaler ici un usage assez répandu en Belgique, et qui commence à l'être en France. Tout propriétaire qui fait construire à neuf ou seulement réparer à fond une maison de campagne peut aisément y ménager un salon au rez-de-chaussée, à l'une des extrémités, à la suite duquel il fait élever de plain-pied une serre tempérée qui peut être divisée en deux par une cloison vitrée, pour servir en même temps de serre chaude. Le premier compartiment est disposé de manière à ce que, quand le propriétaire reçoit du monde, on peut en un tour de main ranger sur les côtés les étagères qui supportent les plantes, étendre un tapis sur l'espace laissé libre au milieu, disposer des siéges et des canapés, accrocher quelques lustres au toit de la serre, et en faire ainsi la continuation du salon. Cet arrangement, d'ailleurs, ne compromet pas la santé des plantes. Les personnes que fatiguent le bruit et la chaleur d'un salon occupé par une société trop nombreuse viennent chercher dans la

Serre-salon.

serre-salon du calme et une fraîcheur relative, l'atmosphère de la serre devant être renouvelée constamment par un système de ventilation non interrompue. Nous donnons pour exemple d'une des plus heureuses applications de ce système la figure de la page précédente.

Dans la construction qu'elle représente, le milieu est un riche salon ; chacune des deux serres tempérées, à droite et à gauche, ouvre sur ce salon et en forme au besoin l'appendice. Des vignes artistement conduites en tapissent l'intérieur, sans nuire à la culture des plantes d'ornement exotiques. A l'époque de la maturité des raisins, à la suite d'une collation offerte dans le salon, les dames vont elles-mêmes dans la serre vendanger le dessert ; le raisin forcé offert avec tant d'à-propos, fût-il médiocre, ne peut manquer d'être trouvé délicieux. L'homme de goût amateur d'horticulture ne doit pas négliger cette source de plaisirs élégants.

II. Chauffage des serres.

Les divers procédés anciens de chauffage des serres par des tuyaux de cheminée et par la vapeur, tous autrefois fort usités, ont fini par se retirer devant le *thermosiphon*. Cet appareil n'offre aucun des inconvénients des autres systèmes de chauffage ; il en réunit les divers avantages à lui tout seul. Il est nécessaire de montrer en quoi consiste sa supériorité. Quand une serre est chauffée par les conduits de chaleur d'une cheminée, si l'un de ces tuyaux vient à se crevasser, la fumée fait immédiatement irruption dans la serre, au grand dommage des plantes délicates qu'elle renferme. Si la serre est chauffée par la vapeur, une explosion que la plus exacte surveillance ne peut pas toujours prévenir a pour les plantes des conséquences encore plus funestes. Après un accident de ce genre, en quelque saison qu'il se soit produit, il faut introduire dans la serre, pour réparer les tuyaux, les maçons, le plus redoutable de tous les fléaux qui peuvent sévir sur les plantes de serre tempérée ou chaude. Enfin, s'il survient la nuit un brusque abaissement de température, ou que le jardinier chargé de gouverner la serre cède au sommeil et laisse éteindre son feu, le refroidissement intérieur est immédiat ; en une demi-heure, tout peut être perdu sans ressource.

Avec le thermosiphon, rien de semblable n'est possible. L'inventeur de cet appareil, le savant et modeste Bonnemain, mort de misère à l'Hôtel-Dieu de Paris, ne le destinait pas seulement au chauffage des serres; il prétendait l'appliquer à l'éclosion artificielle des œufs des oiseaux domestiques et au chauffage des appartements. C'est une application du principe extrêmement simple en vertu duquel l'eau froide pèse plus que l'eau chaude, de sorte que, dans une masse liquide chauffée sur un point seulement, l'eau chaude tend à monter et l'eau froide à descendre. Remplissez d'eau une chaudière hermétiquement fermée; adaptez à cette chaudière des tuyaux également remplis d'eau, circulant dans le local à chauffer, et retournant à leur point de départ; allumez le feu sous la chaudière; vous aurez une circulation non interrompue d'eau chaude ascendante et d'eau froide descendante, jusqu'à ce que toute la masse liquide soit exactement à la même température : c'est le thermosiphon. Jamais avec cet appareil les tuyaux ne peuvent s'échauffer à l'excès et donner dans la serre ce qu'on nomme un *coup de chaleur;* jamais non plus, s'il arrive au jardinier de s'endormir et à la température extérieure de s'abaisser de plusieurs degrés au-dessous de zéro en quelques heures, la serre, chauffée par le thermosiphon, ne se refroidira subitement; cela est matériellement impossible. De tels avantages ont pu, au début, être contestés par les adversaires de toute innovation, mais aujourd'hui personne ne peut plus songer à les révoquer en doute, et dans le fait on ne chauffe plus les serres qu'au thermosiphon. Au moyen d'un système très-simple de *diaphragmes* faciles à faire fonctionner, un seul appareil procure à une serre divisée en plusieurs compartiments des températures variables à volonté, selon les besoins de la végétation des plantes de serre chaude et de serre tempérée.

III. Plantes et arbustes d'orangerie et de serre froide.

On a vu plus haut que la serre froide admet un assortiment de plantes exotiques plus complet que l'orangerie;

nous avons également constaté le fait capital que les plantes destinées à hiverner dans la serre froide ne doivent recevoir de chaleur artificielle que juste ce qu'il leur en faut pour ne pas geler, et d'arrosages en hiver que ce qui leur est absolument nécessaire pour ne pas mourir de soif. Ces principes doivent être expliqués. Dans leur pays natal, toutes les plantes d'orangerie et de serre froide végètent *toute l'année*. Le mouvement de leur séve éprouve seulement des ralentissements et des accélérations alternatives. Quand les faibles gelées des contrées méridionales les surprennent dans un intervalle de demi-repos, elles n'en éprouvent pas un tort très-notable. C'est ainsi que, dans le midi de la France, les orangers du littoral de la Méditerranée ont souvent succombé à un froid d'un seul degré, leur végétation au moment de cette gelée étant en pleine activité; les mêmes arbres ont résisté à deux ou trois degrés de froid, lorsque cet abaissement de température est survenu tandis que leur végétation était plus ou moins ralentie. C'est encore en vertu de la même loi que, sur toute notre frontière du sud, les oliviers gèlent quelquefois par des froids très-peu rigoureux et résistent d'autres années à des froids beaucoup plus intenses, selon qu'ils sont surpris par eux dans un état plus ou moins actif de végétation. Donc, le premier point à obtenir pour l'hivernage des plantes d'orangerie et de serre froide, c'est que le sommeil complet ou partiel de leur végétation se maintienne pendant l'hivernage, en ayant soin de les empêcher seulement de souffrir du froid. Si par un léger excès de chaleur, les orangers, par exemple, ou les grenadiers, sont provoqués à végéter hors de saison, qu'en résulte-t il ? Qu'ils ne peuvent donner que de jeunes pousses faibles, languissantes, à demi étiolées; or, comme l'espoir de la floraison repose précisément sur ces jeunes pousses, elle manque totalement, ou bien elle est insignifiante. Mais que la végétation soit retardée jusqu'au retour de la belle saison, elle repart, saine et vigoureuse, alors que la plante peut sortir de la serre pour aller concourir à la décoration du jardin, et la floraison se produit, aussi riche, aussi splendide qu'elle peut l'être. Tel est le principe qu'il s'agit de bien comprendre et de bien appliquer pour le bon gouvernement de tous les végétaux d'orangerie et de serre froide.

Dans les jardins publics et dans beaucoup de grands jardins particuliers, on a adopté l'usage de sortir les plantes de l'orangerie et de la serre froide le 10 mai et de les rentrer le 10 octobre; ces dates sont invariables. Cet usage n'est pas rationnel; il y a des années où, sous le climat de Paris, le beau temps se prolonge pendant tout le mois d'octobre, et d'autres où la température au 10 mai est encore beaucoup trop froide pour mettre à l'air libre des plantes disposées à fleurir ou à pousser énergiquement. Le jardinier prudent n'adopte pour aucune de ses opérations des dates invariables; il les règle selon le temps.

Pendant l'hivernage, on donne de l'air à l'orangerie et à la serre froide aussi souvent que la température extérieure le permet. Quelques jours avant la sortie des plantes, les fenêtres restent ouvertes jour et nuit pour habituer les plantes par degrés au contact de l'air extérieur. Aussitôt installées à la place où elles doivent passer l'été, on les soumet à une inspection générale de propreté; elles subissent un nettoyage à fond pour débarrasser leur feuillage de la poussière et des insectes; puis on les taille selon le besoin. Tout ce travail, que quelques jardiniers ont l'habitude de faire dans l'orangerie ou la serre froide, s'exécute beaucoup mieux dehors; le jardinier est plus libre de circuler autour de ses plantes et de ses arbustes; il voit mieux ce qu'il fait, et il est, comme on dit, beaucoup mieux maître de sa besogne. La même inspection et le même *rhabillage* se donnent en automne, un peu avant la rentrée des plantes. En été, l'activité de leur végétation exige des arrosages fréquents; quelques-unes veulent recevoir de temps à autre des engrais liquides formés de crottin de mouton ou de chèvre ou de guano du Pérou délayé dans de l'eau à diverses doses. Dès que l'orangerie ou la serre froide est évacuée, on s'empresse de faire blanchir intérieurement les murs, de faire repeindre les châssis, et d'exécuter longtemps d'avance tous les travaux de réparation ou d'entretien qui peuvent être nécessaires, afin que tout soit prêt, en ordre et parfaitement propre, au moment de réintégrer les plantes dans leur habitation d'hiver.

IV. Plantes de serre tempérée et de serre chaude.

Ces plantes ne se gouvernent pas d'après les principes qui viennent d'être exposés quant aux plantes d'orangerie et de serre froide. Les plantes de serre tempérée appartiennent toutes à la flore des contrées intertropicales ; celles de serre chaude, aux parties les plus chaudes des mêmes contrées. Les premières peuvent passer en plein air une partie de la belle saison ; les secondes ne sortent pas de leur asile, même pendant les plus beaux jours de notre climat ; toutes réclament des soins assidus et intelligents.

Dans la serre tempérée logent les collections de *camélias*, de *cactées*, de *fuchsias*, de *pélargoniums*, et une infinie variété de plantes et d'arbustes florifères ; dans la serre chaude s'abritent des plantes d'un prix encore plus élevé, les unes florifères, comme les *bromélacées* et les *orchidées*, les autres non florifères, comme les *fougères*, les *palmiers* et les *cycadées*. On ne peut donner trop de soins à cette étrange et magnifique végétation dépaysée, qui représente souvent des valeurs énormes. Le savant botaniste Linné avait surnommé les palmiers les *princes des végétaux;* dans les serres d'Europe, leur prix est tellement élevé qu'on peut les nommer les *végétaux des princes*.

L'opération la plus délicate à l'égard des plantes de serre tempérée, c'est le changement de pots, soit pour en renouveler la terre épuisée, soit pour leur donner, quand elles ont grandi, des pots plus spacieux : c'est ce que les jardiniers nomment le *rempotage.* Ce travail se fait en été à diverses époques et dans des conditions diverses pour chaque série de plantes de serre tempérée. Ces plantes ne doivent pas sortir toutes à la fois à époque fixe ; la température extérieure et l'état de leur végétation décident seuls du temps plus ou moins long qu'elles peuvent passer sans inconvénient à l'air libre.

En été, une fois qu'on lui a donné les soins de réparation indispensables, la serre tempérée, momentanément vide, sert d'infirmerie aux plantes de serre froide plus ou moins malades ; elles s'y refont mieux qu'à l'air libre. Avant la sortie des plantes, on diminue par degrés le feu dans la serre tempérée ; à leur rentrée, on chauffe également par degrés, toute transition brusque pouvant être funeste aux plantes tropicales. Celles de ces plantes qui ne passent à l'air libre qu'un temps fort court redoutent beaucoup, pendant la belle saison, l'action directe des rayons du soleil, qui cause passagèrement dans la serre une élévation de température excessive. On les en préserve au moyen de toiles ou de treillages mobiles très-serrés, tendus en avant des vitrages. En Angleterre, on obtient le même effet au moyen de verres à surface rude, fabriqués exprès pour cet usage ; en France, ce genre de vitrage est d'un prix encore trop élevé pour que son emploi se généralise, bien qu'on ne puisse en contester les avantages.

L'un des emplois de la serre tempérée les plus agréables pour le jardinier amateur et les plus profitables pour le jardinier de profession, c'est celui qu'on peut faire chaque année d'une division de cette serre pour *forcer* diverses plantes d'ornement à fleurir en plein hiver. C'est ce qui se pratique généralement sur les lilas de Perse, les jacinthes, les jonquilles, les narcisses, les tulipes duc de Tholl, et sur quelques autres jolies fleurs également faciles à forcer, grande ressource pour les bouquets de bal, avec les *camélias*, les *éricas* et les *azalées*. Le jardinier prévoyant a dû se munir d'une provision suffisante de plantes et d'arbustes à forcer ; il ne les force pas tous à la fois ; il les tient dans l'orangerie, à l'abri de la gelée ; ils y attendent leur tour pour passer dans la serre tempérée et fleurir successivement. Ces plantes ornent, pendant toute la mauvaise saison, les *jardinières d'appartement*, charmant et indispensable accessoire de l'intérieur de toute personne de goût.

Les *plantes de serre chaude* craignent par-dessus tout deux choses : les coups de soleil et le contact de l'air froid du dehors. Nous avons vu comment on écarte les rayons solaires ; quant à l'air extérieur, d'une part, on ne peut entrer dans la serre chaude que par une antichambre munie d'une double porte vitrée ; de l'autre, l'air introduit pour la ventilation de la serre est amené le long des tuyaux de chaleur par un conduit particulier.

Ainsi, bien qu'il se renouvelle constamment, l'air n'est mis en contact avec les plantes qu'après avoir été amené à la température de l'intérieur de la serre. Il en est de même de l'eau employée aux seringages et aux arrosages dans la serre tempérée et dans la serre chaude ; avant de servir à ces usages, elle a dû séjourner assez longtemps dans la serre pour en prendre la température. Bien des gens s'étonnent que cette eau, conservée tiède dans les réservoirs de la serre tempérée ou chaude, ne se corrompe pas et ne répande pas l'odeur intolérable propre à l'eau croupie ; pour empêcher cet effet de se produire, on a soin de maintenir dans ce réservoir un nombre suffisant de poissons rouges, qui absorbent pour leur nourriture les animalcules invisibles, cause de corruption de l'eau dans le réservoir ; cette eau est d'ailleurs renouvelée assez souvent pour que les poissons y trouvent à vivre.

On désigne sous le nom d'*aquarium* un genre particulier de serre chaude, occupé par un bassin pour la culture des plantes aquatiques des régions tropicales, dont plusieurs sont, comme la célèbre *victoria regia*, des prodiges d'ampleur et de beauté.

CHAPITRE IV.

I. Création d'un potager.

Pour prendre une idée juste des conditions d'un bon potager, nous supposerons qu'un propriétaire vient de faire bâtir une maison de campagne et qu'il a le choix parfaitement libre quant à l'emplacement du potager. Appréciant l'importance de cette division du jardin, il veut l'établir selon toutes les règles, afin d'avoir en toute saison les meilleurs produits possibles de l'horticulture maraîchère ; c'est de ce point de vue que nous envisagerons la création du potager.

1° *Sol.* L'horticulture maraîchère emploie tant d'engrais, elle renouvelle si fréquemment les fumures, que la nature du sol, à moins qu'elle ne soit absolument rebelle à toute culture, n'est pas pour elle d'une importance capitale. Il faut, dit-on, sept ans pour faire un bon marais ; cet axiome des maraîchers parisiens veut dire simplement qu'en sept ans, à force de labours et d'engrais, le maraîcher rend le plus mauvais sol capable de donner les produits les plus parfaits qu'on puisse attendre d'un bon potager. C'est, en effet, ce qui a lieu dans la pratique ; les magnifiques marais qu'on nomme la *vallée de Fécamp*, sur les communes de Saint-Mandé et de Bercy, entre la chaussée de Saint-Mandé et la vallée de la Seine, étaient autrefois les terres les plus ingrates de tous les environs de Paris ; l'horticulture maraîchère en a véritablement créé le sol ; elle en a fait des potagers modèles. Il n'y a donc pas, à proprement parler, de sol absolument impropre à la culture maraîchère. Le meilleur est une bonne terre franche à froment, plutôt légère que forte : non qu'une terre forte ne puisse devenir un bon potager ; mais, dans une terre légère et fertile en même temps, le succès s'obtient plus promptement et à moins de frais.

Il importe surtout que la couche cultivable soit profonde et qu'elle repose sur un sous-sol perméable. Pour peu que le sous-sol soit de nature à retenir l'humidité, il ne faut pas hésiter à en assurer l'assainissement par un bon système de drainage souterrain. Notons, en passant, que de temps immémorial, et bien longtemps avant qu'il fût question du drainage dans la pratique agricole, les maraîchers parisiens le pratiquaient sans en rien dire, au moyen de rigoles souterraines empierrées. C'est ainsi, notamment, qu'ont été desséchés, sous le règne de Charles V, dit le Sage, une partie des *marais* appartenant au domaine qui environnaient alors Paris. Il y a dans l'horticulture maraîchère parisienne des familles dans lesquelles on conserve les titres originaux en vertu desquels ces marais ont été concédés, au XIVe siècle, à la condition de les cultiver en légumes pour l'approvisionnement de Paris ; ces familles ont continué à pratiquer, depuis cinq siècles, l'horticulture maraîchère (on voit par là l'origine de cette expression) ; il n'est donc pas étonnant qu'elles aient porté cette branche de jardinage à un degré de perfection inconnu dans le reste de l'Europe.

2° *Exposition.*—*Distribution.* Le terrain occupé par le potager doit être légèrement en pente au sud, au sud-est ou au sud-ouest. S'il n'est point entouré de murs de tous les côtés, il doit l'être au moins dans la direction du nord et de l'est. Après l'avoir profondément et soigneusement défoncé, en le débarrassant de tout ce qu'il pouvait contenir de pierres et de racines, on s'occupe de sa distribution. Sans sacrifier trop de terrain aux allées, le potager ne devant pas être un lieu de promenade, il importe néanmoins qu'on y puisse aisément circuler et qu'il soit abordable dans tous les sens, tant pour l'arrivage des engrais que pour l'enlèvement des produits. De larges plates-bandes sont ménagées au pied des murs, à l'exposition du midi et du sud-ouest ; elles sont d'une grande ressource dans une foule de circonstances ;

c'est ce qu'on nomme des *costières* ou *côtières* dans la langue des maraîchers parisiens.

Le potager est ensuite divisé en grands carrés, subdivisés eux-mêmes en planches dirigées de l'est à l'ouest. Par cette disposition, s'il arrive qu'on manque de place sur les costières pour un semis qui craint le froid, il suffira de planter en arrière d'une plate-bande quelques piquets soutenant un paillasson ; l'on improvisera ainsi une sorte d'espalier temporaire faisant face au sud, ce qui serait impossible si les plates-bandes n'étaient pas dirigées de l'est à l'ouest.

Une place à part doit être assignée dans le potager aux plantes qui font attendre longtemps leurs produits et occupent la même situation plusieurs années de suite, comme les asperges et les artichauts. L'on assigne de même aux couches une position permanente, assez rapprochée des murs pour en recevoir un abri profitable ; la direction des couches doit être comme celle des planches, de l'est à l'ouest, afin qu'il soit toujours possible, pendant la mauvaise saison, de donner de l'air, selon le besoin, aux plantes cultivées sur couches, en soulevant les châssis vitrés qui les recouvrent, sans les exposer à être frappées par le vent du nord.

II. Engrais et irrigation.

Le fumier et l'eau sont la base de la culture maraîchère, ce qui, par parenthèse, à part la difficulté du transport de ses produits, rend cette culture impossible loin des grands centres de population. Il faut la masse énorme d'engrais produite par les milliers de chevaux de luxe et de service et par le balayage des rues des cités populeuses, pour alimenter de fumiers les jardins maraîchers qui doivent livrer leurs produits à la consommation des populations urbaines ; là où cette condition première n'est pas remplie, pas de culture maraîchère.

1° *Engrais.* Le fumier de tous les bestiaux peut donner, dans toutes sortes de terrains, d'excellents légumes, grâce à une culture intelligente ; mais le meilleur fumier à l'usage du jardinier maraîcher, c'est le fumier de cheval. Ce fumier possède à un plus haut degré que tout autre la faculté de suspendre par la dessiccation la marche de sa fermentation et de recommencer à fermenter aussitôt qu'il est humecté de nouveau. Ainsi, à Paris, les maraîchers font provision de fumiers d'écurie qu'ils mettent en tas fort élevés, à base étroite, et très-peu *tassés*. Au moyen de perches qui les traversent horizontalement, ils établissent dans ces masses de fumier de cheval des courants d'air qui en opèrent le dessèchement rapide et complet. S'agit-il, à un moment donné, d'établir ou de réchauffer une couche? On démonte une meule de fumier de cheval, on mouille abondamment l'engrais étendu sur le sol, puis on monte immédiatement la couche, qui tout aussitôt entre en fermentation. Le fumier des bêtes à cornes et celui des bêtes à laine ne produiraient pas cet effet avec la même certitude et, si l'on peut se servir de ce terme, avec la même docilité. La préférence accordée par les maraîchers de profession au fumier de cheval sur tout autre engrais n'a donc rien d'arbitraire; elle ne tient ni à une routine ni à un préjugé; elle est parfaitement fondée en raison.

Il est impossible d'indiquer, même par approximation, la quantité de fumier qu'exige annuellement la tenue d'un potager d'une étendue déterminée; elle dépend entièrement de l'extension donnée à la culture *forcée* et du nombre de couches consacré à cette culture. Tout ce qu'on peut dire au propriétaire, qui souvent ne comprend pas, comme le jardinier, la nécessité d'une dépense indispensable, c'est que, s'il désire avoir dans toute leur perfection les produits du potager, il doit mettre à la disposition de son jardinier du fumier de cheval *à discrétion*. Partout où l'on agit sous ce rapport avec parcimonie, on n'a rien de bon; il vaut mieux acheter des légumes et n'avoir pas de potager.

Un autre élément très-nécessaire aussi de la bonne tenue du potager, c'est le terreau. On nomme *terreau* le fumier parvenu au dernier degré de décomposition et converti en une substance brune presque pulvérulente; c'est ce qui arrive toujours au fumier qui a servi à établir des couches. Quand les couches ont produit tout leur effet et qu'elles doivent être *rompues* (c'est le terme reçu), le terreau qui provient de leur démolition est pour toutes les parties du potager un excellent amendement; mais si la culture forcée a quelque importance, il y a si souvent des couches à rompre que la terre du potager est bientôt saturée de terreau; le surplus est, dans ce cas, vendu à un prix peu élevé pour être répandu sur les prairies ou appliqué à la grande culture, qui ne saurait le payer fort cher, parce qu'elle ne peut pas en tirer un bien grand parti.

Le jardin potager réclame en outre certains engrais spéciaux propres à diverses cultures, notamment de la *colombine* (fiente de pigeon et d'oiseaux de basse-cour), et du *guano* du Pérou pour les plantes potagères de la famille des *cucurbitacées*. Pour celles de la famille des *crucifères*, on met à part, durant toute l'année, la mauvaise herbe provenant des sarclages et les débris végétaux de l'*habillage* des légumes; on les stratifie avec un peu de chaux vive et des lits alternatifs de terre de jardin; ce *compost* active singulièrement la végétation de toutes les crucifères.

2° *Irrigation*. La culture maraîchère veut avoir l'eau comme le fumier, à discrétion. Ce n'est pas sans motif que les maraîchers disent *mouiller* pour *arroser*; ils savent qu'en été un arrosage superficiel fait aux plantes potagères plus de mal que de bien; il faut mouiller à fond, aussi souvent que ces plantes en ont besoin, ou renoncer à la culture du potager. On voit combien il importe, en choisissant l'emplacement pour établir un potager, de bien s'assurer que le puits ou les puits sur l'eau desquels le jardinier compte pour l'arrosage de ses cultures ne tarissent point en été. Il est également essentiel que l'eau disponible soit à la fois abondante et de bonne qualité.

La France possède plusieurs grands centres de culture maraîchère, dont chacun a sa méthode d'irrigation. Dans le midi, à Cavaillon, à Perpignan, à Pézenas, l'arrosoir est inconnu : on irrigue exclusivement par imbibition, en faisant circuler l'eau dans des rigoles pratiquées autour des plates-bandes, selon la coutume des Orientaux. Ce sont, en effet, les Arabes qui ont importé cette pratique dans le midi de la France, à l'époque où ils étaient les maîtres de la péninsule hispanique. Dans le centre, à Tours, à Roscoff, à Paris, on ne connaît pas dans la culture maraîchère d'autre service pour l'irrigation que celui de l'arrosoir. A Amiens, l'un des centres les plus importants de la culture maraîchère en France, les *hortillons* (c'est le nom qu'ils portent depuis les Romains qui les nommaient *hortulani*) n'arrosent qu'avec de longues pelles de bois étroites et creuses, semblables à celles dont on se sert dans le nord pour les *blanchisseries* d'étoffes de lin. La nature du sol qu'ils cultivent, tout entrecoupé de canaux étroits communiquant avec la Somme, rend chez les hortillons d'Amiens ce mode d'arrosage aussi facile qu'il est expéditif. Plus loin, au nord, en Belgique, en Hollande, on n'arrose pas du tout, les terrains consacrés à la culture maraîchère ayant plutôt besoin d'être en toute saison préservés d'un excès d'humidité. Il n'est pas non plus nécessaire dans les potagers de ces pays, où partout l'eau se trouve, pour ainsi dire, à fleur de terre, de se préoccuper des moyens de puiser l'eau nécessaire à l'arrosage des jardins. A Paris, et dans tous les départements au sud de la Seine, l'une des principales dépenses qu'entraîne l'établissement d'une culture maraîchère, c'est le creusement des puits et l'emploi d'un moyen mécanique quelconque pour en extraire l'eau. Pendant des siècles, on n'a employé pour cet usage que l'antique *manivelle* des maraîchers, appareil d'une simplicité grossière, tout à fait primitive. Au moment où nous écrivons, il s'opère à cet égard une révolution complète; on ne construit plus de *manivelle* d'après le modèle traditionnel, avec un arbre à pivot et un tambour composé de deux vieilles roues de fiacre réformé; à mesure que les vieilles manivelles sont hors de service, on les remplace par des manéges simples que tourne ordinairement un pauvre cheval aveugle, et qui font arriver l'eau, par des tuyaux souterrains, dans des tonneaux enterrés à des distances régulières, où le jardinier va remplir ses lourds arrosoirs, de la contenance de douze à quatorze litres chacun. Les maraîchers commencent aussi, mais plus lentement, à remplacer leur ancien modèle d'arrosoir, incommode par la largeur de ses flancs, qui augmente la fatigue de l'ouvrier en l'obligeant à écarter les bras ; ils lui substituent un arrosoir à flancs plats, de la même contenance, qu'on peut porter, en laissant pendre les bras, selon la ligne verticale, ce qui diminue sensiblement la fatigue de cette rude besogne.

Au point de vue de la culture, l'arrosage par l'arrosoir, reproduisant la forme d'une pluie naturelle, est sans doute préférable à l'arrosage par imbibition ; seulement il coûte beaucoup plus cher en main-d'œuvre. Dans les grands potagers, on pourrait arroser par imbibition, selon l'usage méridional, les légumes les moins délicats, et se servir de l'arrosoir seulement pour les cultures auxquelles ce mode d'arrosage peut être plus particulièrement profitable.

Le jardinier maraîcher doit toujours avoir à sa disposition une fosse à fumier dans laquelle il fait macérer, avec une quantité d'eau suffisante, quelques brouettées d'engrais à demi consommé ; il en résulte un engrais liquide d'une grande énergie, qu'il donne, selon le besoin et indépendamment des arrosages d'eau pure, aux plantes dont la végétation doit être activée à un moment donné.

3° *Matériel.* La plupart des outils et des instruments à l'usage de la culture maraîchère sont trop connus pour qu'il soit utile de les décrire ; tels sont les arrosoirs, dont nous avons indiqué le meilleur modèle, les bêches, les râteaux, les binettes et autres objets non moins vulgaires. Mais il est nécessaire de donner quelques indications relativement à la partie du matériel qui sert à abriter les plantes potagères, soit dans la *culture naturelle*, soit dans la *culture forcée.* Ces deux genres de culture, bien que fort distincts en eux-mêmes, ne peuvent cependant s'isoler tout à fait l'un de l'autre ; un grand nombre de végétaux, cultivés d'abord sous cloche ou sous châssis, sont ensuite mis en place à l'air libre pour compléter leur croissance et donner leurs produits : c'est ce qui constitue l'alliance indispensable de la culture naturelle et de la culture forcée. Les principaux objets du matériel pour l'une et l'autre de ces deux cultures sont les *paillassons*, les *cloches de verre* et les *châssis vitrés.*

Les paillassons se font habituellement en paille de seigle,

plus longue et moins cassante que la paille de froment; la paille, étendue à l'épaisseur convenable, est disposée par poignées ayant alternativement leurs épis en sens inverse; si les épis restaient, comme dans la gerbe, tous dans le même sens, le paillasson serait trop épais sur l'un de ses bords et trop mince sur l'autre. Deux ou trois attaches en ficelle, passées en nœuds coulants au moyen d'une navette à faire du filet, terminent le paillasson; on rogne avec de grands ciseaux les épis qui dépassent les deux bords.

Les usages des paillassons dans la culture maraîchère sont très-multipliés. On s'en sert pour des espaliers temporaires, comme nous l'avons déjà·dit; on en couvre pendant les grands froids les châssis sous lesquels croissent les légumes forcés; on les jette à la hâte en été sur les cloches de verre et sur les châssis vitrés servant à la culture des melons, à l'approche d'une nuée d'orage qui peut toujours être accompagnée de grêle. Ce dernier usage exige qu'en été les paillassons, entretenus en bon état, soient toujours disponibles, et en dépôt à peu de distance de l'emplacement occupé par les couches à melons.

Les cloches servent, en hiver, à couvrir du plant de salades et de choux-fleurs, en attendant que la température permette de mettre ce plant en place à l'air libre; plus tard, elles ont pour destination principale d'abriter les melons communs. Il y a trente ans, la plus grande partie des melons était cultivée sous cloche, et c'est pourquoi les cloches de jardin étaient désignées sous le nom de cloches à melons. Aujourd'hui la plupart des melons se cultivent sous châssis, ce qui tend à diminuer, dans la culture maraîchère, l'emploi des cloches, dont néanmoins elle ne peut se passer.

Les châssis vitrés, destinés à couvrir les couches pour la culture forcée, reposent sur des cadres en bois que les jardiniers parisiens nomment *coffres*. Depuis quelques années, on commence à construire les coffres et leurs châssis vitrés en fer au lieu de bois. Sans contredit, les coffres et les châssis en fer sont beaucoup plus durables que ceux en bois; mais ils coûtent beaucoup plus cher, ce qui les met, quant à présent, hors de la portée de l'horticulture maraîchère professionnelle. Les coffres peuvent avoir en longueur une étendue indéfinie, déterminée seulement par l'importance des cultures forcées; les lignes de coffres, lorsqu'elles sont fort longues, doivent être interrompues de distance eu distance pour la facilité du service. Leur largeur ne doit pas dépasser 1^m,30, afin que, quand les châssis vitrés sont soulevés, les bras du jardinier puissent facilement atteindre sur tous les points de la couche. Chaque panneau de châssis doit être muni de poignées en fer pour qu'on puisse le déplacer et le replacer à volonté. Une crémaillère en bois, fixée sur le milieu de la partie antérieure du coffre, permet de soulever les châssis à volonté pour le renouvellement de l'air à l'intérieur. La partie postérieure du coffre est plus élevée que l'antérieure, afin que les châssis, mis en place, offrent une surface suffisamment inclinée pour l'écoulement de l'eau des pluies.

L'action continuelle de l'humidité et de la chaleur use très-rapidement les coffres et les châssis en bois; on en retarde la dégradation par une ou plusieurs couches de goudron sur les coffres et de bonne peinture à l'huile sur les châssis. Tous les ans les châssis doivent être repeints à l'époque où les couches peuvent impunément rester momentanément découvertes. Un soin tout particulier doit présider au vitrage des châssis, pour que l'eau des pluies ne puisse pénétrer par aucune jointure mal mastiquée dans l'intérieur de la couche. Les carreaux de vitre pour cet usage ne doivent point être trop grands, afin qu'ils soient moins sujets à se briser, et qu'en cas d'accident leur remplacement n'entraîne pas des frais exagérés.

En été, les châssis des couches sont enlevés et mis en piles à l'abri du soleil sous un hangar. Ils doivent être assez près du jardin potager pour qu'on puisse, en un tour de main, les replacer et les couvrir de paillassons à l'approche d'un orage.

III. Légumes proprement dits.

Les jardiniers n'emploient pas le mot *légume* dans le même sens que les botanistes; ces derniers nomment *légume* le fruit d'une forme particulière des plantes, arbres et arbustes de la nombreuse famille des *légumineuses*. En adoptant cette signification restreinte, il n'y aurait de légumes dans nos potagers que les pois, les fèves et les haricots. Les maraîchers nomment en général *légumes* l'ensemble des produits de leurs cultures; toutefois, ils distinguent des *légumes proprement dits*, les *légumes-racines*, les *salades* et les *plantes à fruits comestibles;* c'est la division naturelle que nous suivrons en indiquant les principes de la culture maraîchère et leurs applications.

Voici donc le potager créé, distribué, entouré de murs, avec ses puits, ses tonneaux, son manége à élever l'eau, son matériel d'outils de jardinage, de cloches, de châssis, de paillassons, sa provision de fumier, et, par-dessus tout, un jardinier expérimenté pour en prendre en main le gouvernement; il ne s'agit plus que de se mettre à le cultiver.

Parmi les légumes proprement dits, ceux dont il convient de s'occuper en premier lieu, sont ceux qui doivent subsister pendant plusieurs années et faire attendre assez longtemps la récolte de leurs premiers produits. Nous avons vu qu'une place doit leur avoir été réservée dans la distribution du potager, et qu'il y en a deux principaux, les *asperges* et les *artichauts*. Les produits de ces deux légumes sont également importants pour le jardinier de profession, et indispensables dans le jardin potager d'une maison de campagne.

1° *Asperges*. Avant de choisir l'emplacement pour une plantation d'asperges, il importe de s'assurer qu'il n'a point existé depuis longues années de culture d'asperges sur le terrain qu'on leur destine. Nous avons vu plusieurs fois, dans les environs de Paris, cette culture échouer par cela seul qu'on la faisait revenir après un intervalle trop court sur un sol qui lui avait été déjà consacré antérieurement; on peut considérer dix ans comme le minimum de durée de cet intervalle.

Les planches d'asperges s'établissent par semis ou par plantation; ce dernier mode est le plus usité. Dans les deux cas, la terre est divisée en planches d'une longueur indéterminée et d'une largeur de deux mètres. On ouvre au milieu de chaque planche une fosse de 1^m,30 de large, et de 0^m,50 de profondeur. La terre qu'on en extrait est rejetée sur les côtés; elle forme entre chaque planche un talus de 0^m,70 de large à sa base. Le fond de chaque fosse est ensuite défoncé lui-même à la profondeur d'un fer de bêche, soit environ 0^m,40. On y incorpore une très-forte fumure d'engrais très-consommé; le fumier des bêtes bovines ou des moutons est aussi bon pour cet usage que le fumier de cheval. Cela fait, une couche de bon terreau de 0^m,10 d'épaisseur est répandue à la surface du fond de la fosse, et l'on procède à la plantation ou au semis. On plante habituellement des griffes d'asperges de deux ans, élevées à cet effet en pépinière et provenant de semis; ces griffes sont disposées sur deux lignes parallèles à 0^m,30 de chaque bord du fond de la fosse; ces lignes sont par conséquent à 0^m,50 l'une de l'autre; les griffes sont placées dans les lignes à 0^m,30 les unes des autres. Pour plus de régularité, les places qu'elles doivent occuper sont marquées d'avance, et l'on y dépose une petite poignée de terreau en forme de butte. Ce terreau sert à empêcher qu'il ne se forme aucun vide sous le centre de la griffe, dont on a soin de bien étaler les doigts dans tous les sens, après quoi on recharge le tout avec précaution de 0^m,25 de terre, et la plantation est terminée. Tous les ans, à l'entrée de l'hiver, on étend sur la planche d'asperges une couche mince de bon fumier, qu'on mêle de bonne heure à la terre par une façon superficielle donnée avec la fourche, dès que les grands froids sont passés; puis on recharge la fosse de quelques centimètres de terre prise sur les talus, de sorte qu'au bout de quelques années la surface de la plantation d'asperges finit par se niveler; elle n'a plus alors besoin d'être annuellement rechargée.

Si l'on procède par semis en place, les travaux préparatoires sont les mêmes; on marque les places comme pour la plantation des griffes, et l'on sème dans le terreau trois graines à chaque place. Lorsqu'elles ont levé, on arrache les deux plantes les moins bien venues pour n'en réserver qu'une à chaque place. Le reste de la culture est le même dans les deux cas. Les asperges plantées font attendre trois ans leurs premiers produits ; les asperges semées les font attendre un an de plus. Quand on peut se procurer de bonnes griffes à un prix raisonnable, il vaut mieux planter que semer.

Lorsqu'on commence à couper les premières asperges d'une jeune plantation, on se garde bien de récolter toutes celles qui poussent, et l'on a soin de ne pas endommager les jeunes griffes avec le couteau employé à cette effet; on évite par conséquent de trancher les asperges entre deux terres à une trop grande profondeur. L'époque à laquelle commence la récolte des asperges chaque année dépend entièrement de l'état de la température; elle varie d'une année à l'autre ; dans tous les cas, il ne faut pas, surtout dans les planches d'asperges de création récente, épuiser les griffes par une récolte trop prolongée. Les tiges qu'on a laissées monter en juin sont coupées en septembre ou en octobre, quand elles commencent à jaunir et que leurs baies se sont colorées en rouge. Si l'on a besoin de graine pour des semis en place ou en pépinière, on fait choix des baies les mieux formées sur les tiges les plus vigoureuses; on fait macérer ces baies dans l'eau pendant quelques jours; la graine alors se sépare aisément de la pulpe; on la fait sécher à l'ombre; elle ne conserve pas sa faculté germinative au delà de trois ans ; passé cet âge, il en lève encore quelques-unes, mais la plupart ne lèvent pas, et un semis fait par mégarde avec de la graine âgée de plus de trois ans peut être considéré comme manqué.

Dans les terres naturellement lourdes et peu fertiles, où, malgré les meilleures fumures et la culture la plus soignée, l'asperge réussit moins bien qu'ailleurs, il est fort utile de mêler quelques poignées de gros sel au fumier qu'on répand sur les planches à l'entrée de l'hiver; la dose ne doit pas dépasser cinq cents grammes pour une forte brouettée de fumier. Une plantation d'asperges bien établie et bien gouvernée, dans un bon terrain léger, quoique fertile, dure en plein rapport pendant seize ou dix-huit ans.

2° *Artichauts.* Cette culture est fort avantageuse quand elle réussit, car ses produits sont généralement recherchés et d'un placemeut facile ; mais le succès ne répond pas toujours aux espérances du jardinier, toutes les variétés d'artichaut étant sensibles au froid, bien qu'à des degrés différents. Il arrive assez souvent que des retours imprévus de froid tardif font périr une plantation d'artichauts, en dépit de toutes les précautions prises pour l'en préserver. Les principales variétés d'artichauts se distinguent entre elles par des caractères bien tranchés : les unes forment des têtes rondes, dont les écailles ou feuilles, plus ou moins échancrées, sont appliquées les unes sur les autres dans leur entier ; les autres forment des têtes terminées en pointe, dont les écailles se replient en arrière à la moitié de leur longueur. Les artichauts de la première série n'ont presque pas de foin à l'intérieur, c'est-à-dire que les aigrettes de leurs fleurs sont courtes et soyeuses ; ce sont à proprement parler les artichauts de nos départements du midi, qui n'en connaissent pas d'autres ; au nord de la vallée de la Loire, leur culture réussit difficilement. Ceux de la seconde série ont beaucoup de foin, les aigrettes de leurs fleurs étant longues et rudes. Ce sont les moins sensibles au froid ; on les cultive avec succès jusqu'en Hollande, sous un climat très-âpre, auquel, à la vérité, ils ne résistent pas toujours.

Après avoir choisi, selon le climat local, la meilleure variété d'artichauts, on plante à $0^m,80$ ou 1 mètre en tout sens, en quinconce. Plus le sol est fertile, plus il faut espacer les plantes, en raison du développement prévu qu'elles pourront prendre.

On peut obtenir du plant d'artichaut, soit de semis, soit de rejetons ou œilletons pris au bas de chaque touffe ancienne, qui en produit plusieurs chaque année. On préfère généralement ce dernier mode de propagation des artichauts, non-seulement parce qu'il est le plus expéditif, mais encore parce que, très-souvent, le plant de semis ne reproduit pas exactement les variétés qui ont servi de porte-graines. Les œilletons sont détachés des souches, soit en automne, soit au printemps ; ils s'enracinent sans difficulté dans un sol bien arrosé ; ceux d'automne sont mis en jauge pour l'hivernage, couverts de feuilles ou de litière, et plantés à leur place définitive au printemps, quand toute crainte de froid sérieux semble dissipée.

Ceux qu'on détache au printemps sont mis immédiatement en place, avec une fumure abondante; ils veulent être largement et fréquemment arrosés; ils donnent leurs premiers produits avant la fin de la belle saison. La récolte faite, les tiges sont rabattues au niveau du sol; si les touffes sont fortes et que les œilletons semblent vigoureux, on détache ceux-ci pour les mettre en jauge et les faire hiverner, comme on vient de l'expliquer. Dans le cas contraire, *l'œilletonnage* est retardé jusqu'au printemps.

L'artichaut donne une première récolte faible, une seconde et une troisième plus abondante, après quoi son produit baisse, et la plantation doit être renouvelée. Tous les ans, avant l'arrivée des premiers froids, on butte les artichauts en ramenant la terre autour des pieds, qu'on protége en outre par une couverture de feuilles sèches ou de litière. Ils périssent plus souvent par la pourriture, quand on est forcé de les tenir trop longtemps couverts au printemps, que par l'action directe du froid pendant l'hiver. Dès que la température s'adoucit au printemps, il faut découvrir les artichauts pendant quelques heures tous les jours, et les recouvrir pour les garantir contre le froid des nuits, mais surtout contre un excès d'humidité froide qui leur est souvent funeste; ces soins, desquels dépend leur salut, doivent leur être donnés avec intelligence et assiduité.

3° *Légumes annuels et bisannuels. — Choux.* Après avoir établi les plantations d'asperges et d'artichauts, on doit songer à garnir le potager de toute sorte de légumes annuels et bisannuels; dans cette série de légumes, la première place appartient aux choux. On sait qu'en France les choux ont été, avec les navets, presque seuls en possession du potager pendant tout le moyen âge; le chou-fleur et les salades ne datent que de la renaissance; les autres légumes ont été successivement introduits, soit d'Italie et d'Espagne, où le jardinage était florissant longtemps avant d'avoir repris faveur en France, soit directement des autres pays du globe. On sait aussi qu'à Rome le chou fut pendant quatre siècles l'unique médicament en usage contre toute sorte de maladies ; il ne paraît pas que les Romains de ce temps-là s'en portassent beaucoup plus mal.

Les choux cultivés dans le potager sont compris dans cinq divisions : les *choux à pomme pointue* ; les *choux à pomme ronde* ; les *choux frisés* ; les *choux-fleurs* ; les *choux-raves*.

Les principales espèces de choux à pommes pointues sont le chou vert ou chou de mai, qui pomme difficilement, est plus ou moins purgatif, de qualité inférieure, et ne se recommande que par sa grande précocité ; le *choux-pin*, ou cœur de bœuf, un peu meilleur que le précédent ; le *choux conique* de Poméranie, excellent, mais tardif, et dégénérant facilement ; le chou d'York, le meilleur de cette section. Ce chou, lorsqu'il est franc d'espèce, est le meilleur des choux connus, quant à la délicatesse de son goût.

Le chou d'York, ne devenant jamais assez volumineux, n'est pas d'une vente avantageuse. Les maraîchers, tout en reconnaissant sa supériorité, le cultivent peu, et il paraît rarement sur les marchés. Il est au contraire tout à fait à sa place dans les jardins de ceux qui tiennent plus à la perfection qu'à la quantité des produits.

Tous les choux de cette division se cultivent de la même manière ; on peut les soumettre à la culture *annuelle* ou *bisannuelle* ; la seconde est la plus usitée. On sème la graine en été sur plate-bande à l'air libre ; le plant est repiqué au bout d'un mois, c'est-à-dire changé de place, mais non pas mis à sa place définitive. Le repiquage a pour but de hâter la végétation de la plante et de la forcer à pousser plus promptement. On met en place en automne à 0^m,50 ou 0^m,60 en tout sens, dans une terre labourée fraîchement et bien fumée. Ces choux craignent peu le froid, qui n'arrête pas leur végétation ; ils ne gèlent jamais. On les cueille d'ordinaire en mai et dans la première quinzaine de juin, pour les vendre et livrer le sol à d'autres cultures ; dans les jardins qu'on ne cultive pas en vue de la vente des produits, il vaut mieux retarder un peu la consommation de ces choux, surtout de ceux d'York et de Poméranie, et ne cueillir leur pomme que lorsqu'elle est entièrement formée. On peut aussi les soumettre tous à la culture *annuelle*, c'est-à-dire les semer au printemps, en mars, les transplanter en avril et en mai, et les récolter en automne.

Les choux à pomme ronde, aussi connus sous le nom de choux blancs, se consomment en quantités telles qu'aux environs des grandes villes ils occupent des champs considérables et sortent, pour ainsi dire, du domaine de la culture maraîchère pour rentrer dans celui de la grande culture. Les deux espèces le plus communément cultivées sont le chou blanc d'Alsace, ou chou à choucroute, et le chou nantais, peu différent du premier. L'un et l'autre se cultivent de même que les précédents ; on a soin seulement de les planter à $0^m,70$ ou $0^m,80$ les uns des autres, parce qu'ils prennent un volume toujours très-considérable, et quelquefois énorme.

Les choux frisés, plus délicats que les précédents, propres d'ailleurs aux mêmes usages culinaires et également peu sensibles au froid, sont, parmi les choux d'hiver, ceux qu'on cultive de préférence dans les potagers bourgeois ; les meilleurs sont le chou de Milan à feuille très-frisée, dont la meilleure sous-variété est le Milan des Vertus, et le chou de Savoie de Belgique, très-délicat, mais peu volumineux.

C'est à cette dernière espèce que se rattache le chou *spruyt*, chou à jets ou chou de Bruxelles, dont la tige très-élevée porte à son sommet une pomme très-petite, semblable de tous points à un chou de Savoie ; mais le véritable produit en vue duquel cette variété est cultivée, ce n'est pas cette pomme, qui est en effet de nulle valeur ; ce sont les jets ou petits choux qui naissent dans les aisselles des feuilles, et qu'un froid modéré n'empêche pas de pousser pendant l'hiver. La culture de ce chou, longtemps étrangère à l'horticulture maraîchère française, est devenue depuis quelques années commune dans tous les jardins. Le chou de Bruxelles ne réussit que dans les terrains très-légers ; il faut, pour le conserver franc d'espèce, tirer la graine de Belgique, au moins tous les deux ou trois ans ; faute de ce soin, ce chou dégénère ; ses jets s'ouvrent et s'écartent au lieu de former de petites pommes serrées qui constituent le mérite de cet excellent légume, du goût de tous les consommateurs.

Nous mentionnons seulement pour mémoire le chou rouge de Belgique, peu goûté et par conséquent peu cultivé, si ce n'est dans le nord de la France ; sa culture est exactement celle du chou pommé à tête ronde.

4° *Choux-fleurs*. Le chou-fleur est un des meilleurs légumes de nos potagers ; c'est aussi l'un des plus justement recherchés ; nous entrerons dans quelques détails au sujet de sa culture, qui exige, pour réussir, des soins particuliers. Les espèces et les variétés de choux-fleurs n'ont rien de bien distinct, si ce n'est le caractère de leurs pommes, qui permet de les classer en trois divisions : les *durs*, à pomme très-serrée, lente à se former ; les *demi-durs*, à pomme moins compacte, plus petite et plus sujette à s'ouvrir ; enfin les *tendres*, à pomme peu serrée et peu volumineuse, recommandables seulement par leur précocité.

Dans les jardins que ne soigne pas un jardinier de profession, la culture du chou-fleur ne réussit pas toujours ; beaucoup de plantes vigoureuses en apparence ne donnent point de pommes, ou bien celles qu'elles forment s'étalent en se divisant et ne sont d'aucune valeur ; on dit dans ce cas que les choux-fleurs ont *borgné ;* c'est le terme reçu. Ces déceptions fort désagréables ne se produisent guère que faute d'attention et de soins de la part du jardinier. Pour les prévenir, il importe d'abord de ne mettre en place que du plant élevé dans les meilleures conditions selon la saison, ainsi que nous l'indiquons plus bas. En supposant le plant dans des conditions normales, on plante dans un sol riche, profond, naturellement frais, très-abondamment fumé, et l'on arrose largement soir et matin. Du moment où la plante se dispose à former sa pomme, on lui donne deux fois par semaine un engrais liquide formé soit de fumier macéré dans l'eau, soit de colombine ou de guano du Pérou, également délayé dans une quantité d'eau suffisante. Ces soins, trop difficiles ou trop dispendieux à prendre pour une culture de plusieurs milliers de choux-fleurs, n'ont plus les mêmes inconvénients dans un jardin où l'on veut seulement en obtenir cent ou cent cinquante pour les besoins d'un ménage ; on est assuré par ce moyen qu'il n'en *borgnera* pour ainsi dire pas un seul. Si le chou-fleur est sujet à borgner dans un jardin parce que le sol en est naturellement trop sec et trop peu fertile, on doit mettre à part tous les débris végétaux provenant de l'*habillage* des légumes du potager, les réunir à la mauvaise herbe des sarclages, et les stratifier par lits alternatifs avec de la terre de jardin, pour en former un bon *compost* qu'on enfouit dans le carré de jardin que doivent occuper les choux-fleurs, au moment de la plantation, de manière à ce que leurs racines soient en contact avec ce compost; c'est un moyen efficace de les empêcher de borgner, même dans les terres brûlantes où sans cela ils réussissent difficilement.

Mais la véritable difficulté de la culture du chou-fleur, c'est d'élever le plant et de l'amener au point convenable pour être mis à la place où il doit former sa pomme. S'il s'agit du chou-fleur dur, semé en avril sur une plate-bande bien garnie de terreau, repiqué en mai pour le disposer à pommer, et transplanté à sa place définitive en juin, pour pommer seulement en septembre ou en octobre et être livré à la consommation à l'entrée de l'hiver, ce chou-fleur n'est pour ainsi dire pas plus exigeant que toute autre espèce de chou. Il faut seulement, en cas de froids tardifs au printemps, abriter le plant temporairement sous des châssis recouverts de litière; on peut aussi, au lieu de semer le chou-fleur sur la costière, creuser celle-ci à 0^m,30 de profondeur, semer la graine de chou-fleur au fond de cette sorte de fosse, et jeter par-dessus, transversalement, des perches ou des branchages sur lesquels, en cas de gelée, on étend des paillassons. Tout cela n'offre rien de compliqué, et les choux-fleurs durs ainsi traités manquent rarement de venir à bien, pourvu qu'en été l'on ait soin de ne pas les laisser souffrir de la sécheresse. Cette variété de chou-fleur est la moins avantageuse pour le jardinier de profession, en raison de l'extrême lenteur de sa végétation. D'ailleurs, le chou-fleur bon à récolter en automne arrive sur le marché au moment de la plus grande abondance d'une foule d'autres légumes. Ceux qui se vendent le mieux, et qui ont aussi le plus de prix pour le jardinier amateur, en raison du plaisir que procure toujours la difficulté vaincue, ce sont les premiers choux-fleurs, obtenus quand le marché est encore peu garni de légumes nouveaux, avant la pleine saison des petits pois et des haricots verts. Nous traiterons, dans la section consacrée aux primeurs, de la culture forcée du chou-fleur sur couche. En dehors de cette culture, on peut, lorsqu'on dispose d'une bonne costière, au pied d'un mur assez élevé, faisant face au sud, faire facilement hiverner sous cloche le plant de chou-fleur, à raison de quinze à vingt plants pour chaque cloche. Il faut une attention soutenue pour donner de l'air au plant en soulevant les cloches; sans quoi il est sujet à s'étioler, à *fondre*, comme disent les jardiniers. En cas de gelée, non-seulement on renferme le plant sous les cloches, mais on garnit de litière les intervalles des cloches, et l'on étend par-dessus une couverture de paillassons. Le plant est repiqué au printemps, c'est-à-dire arraché et immédiatement replanté sous la même cloche, la saison n'étant pas assez avancée pour qu'il puisse encore être aventuré à l'air libre. Le moment venu de le transplanter définitivement, vers le milieu de mai, quand tout retour de gelée blanche a cessé d'être à craindre, il est déjà fort et très-disposé à pommer promptement. On ne doit traiter de cette manière que le chou-fleur tendre de la variété que les jardiniers nomment le petit Salomon.

5° *Cardons.* On ne mange de ce légume que les côtes des feuilles ou *cardes*, aliment sain et de facile digestion, mais un peu fade, et qui n'est pas du goût de beaucoup de consommateurs. Plusieurs espèces de cardons sont admises dans les potagers; les plus estimées sont le cardon de Tours, le cardon d'Espagne et le cardon Puvis, principalement cultivé aux environs de Lyon. Les maraîchers parisiens accordent la préférence au cardon de Tours, malgré les piquants de ses feuilles, qui peuvent blesser cruellement les mains du jardinier. On sème en mai, à l'air libre, les graines de cardon en place, à l'exposition du midi. Les trous, pour ces semis, doivent être remplis de bon terreau de couches rompues, et espacés entre eux de 0^m,80 à 1 mètre en tout sens. Le surplus de la culture est le même que pour les artichauts, jusqu'au moment où les feuilles ont atteint leur entier développement. Alors on réunit toutes les feuilles en un faisceau par plusieurs liens de paille; on les enveloppe d'une *chemise* de paille assez épaisse pour que la lumière ne puisse sur aucun point arriver jusqu'à elles; puis la terre est ramenée tout autour des pieds de cardon, afin de consolider la paille qui les recouvre. Ils restent en cet état pendant dix-huit ou vingt jours; le jardinier doit les visiter de temps à autre, pour ne les laisser couverts que le temps nécessaire. Si ce temps est trop court, ils ne sont pas suffisamment étiolés; les côtes, partie comestible de la plante, n'ont pas pu blanchir et s'attendrir; s'il est trop prolongé, elles pourrissent. Tous les cardons ne sont donc pas soumis en même temps à ce traitement; on les couvre de paille successivement, en calculant les quantités à récolter d'après les besoins de la consommation.

6° *Céleri*. Les prairies du midi de la France, sur tout le littoral de la Méditerranée, sont remplies de céleri sauvage qu'on utilise pour la cuisine, bien qu'il soit inférieur en qualité au céleri cultivé; il est connu dans tout le midi sous le nom expressif et mérité de *bonne herbe*. La culture en a fait naître plusieurs variétés, en développant le collet des racines, partie charnue, tendre, d'une saveur agréable, qui se consomme crue ou cuite, et forme un mets à la fois agréable et salubre. Les principales variétés de céleri sont le *gros blanc plein* et le *violet de Tours*, les plus volumineux de tous, le *petit blanc plein* et le *nain frisé*, peu développés et convenables pour les petits jardins, et enfin le *céleri-rave*, dont la racine prend le volume d'un navet de grosseur ordinaire.

Tous les céleris veulent un sol fertile et profond, naturellement frais; ils s'accommodent des terres fortes, bien que les terres légères leur soient plus favorables. On les sème en pleine terre, en pépinière, depuis avril jusqu'en juin, afin d'avoir du plant bon à mettre en place à différentes époques, et de ne jamais laisser la cuisine au dépourvu de cet excellent produit. Avant cette époque, on peut semer sur couche de janvier à la fin de mars, de sorte qu'on a du céleri bon à récolter, sans interruption, du printemps à l'entrée de l'hiver.

Le céleri se transplante en lignes espacées entre elles de 0ᵐ,30 ; les pieds de céleri sont à 0ᵐ,25 l'un de l'autre dans les lignes. Après deux lignes on en laisse une vide, afin d'avoir de la terre disponible pour butter le céleri en laissant seulement au dehors l'extrémité des feuilles. A mesure que celles-ci se prolongent, on réitère le buttage ; on obtient ainsi des côtes blanches et tendres, pourvu que la plante ait été largement arrosée ; car il n'en est pas dans le potager qui exige plus d'eau que le céleri pour donner des produits de bonne qualité.

Le céleri-rave se sème et se transplante comme les autres espèces ; mais il ne se butte point. Il veut encore plus d'eau que les précédents ; en Allemagne, où il s'en fait une très-grande consommation, les planches de céleri-rave sont habituellement entourées d'un rebord en terre destiné à retenir l'eau des arrosages, de sorte que les plantes sont, pendant leur croissance, comme dans un bain continuel. En France, la consommation du céleri-rave, quoique moins étendue qu'en Allemagne, est en voie de progrès.

7° *Pois.* Le pois, plus connu sous son nom vulgaire de *petit pois*, est un des légumes dont le retour est attendu chaque année avec le plus d'impatience par les consommateurs ; l'horticulture maraîchère en possède un grand nombre de variétés recommandables à divers titres. Il serait impossible de les énumérer toutes ; la France, la Belgique, la Hollande, l'Allemagne et la Grande-Bretagne ont chacune leur liste ; nous nous bornerons à indiquer ceux dont le mérite est le plus généralement reconnu, en les rangeant dans trois divisions : les *pois nains précoces*, les *pois à rames* et les *pois tardifs.* Les premiers ont pour type le *pois nain hâtif de Hollande*, et la variété anglaise connue sous le nom d'*early pea.* Dans la seconde série, celle des pois à rames de pleine saison, les meilleurs sont le pois *michaux*, le *michaux de Hollande* et le *prince Albert.* On y peut joindre le pois *Bivort* de Belgique, dont il n'est pas hors de propos de rapporter l'origine. M. Bivort, horticulteur belge distingué, avait semé dans le potager joint à son habitation des pois communs cultivés dans les environs. Il remarqua que quelques pieds fleurissaient et mûrissaient leur semence longtemps avant les autres. Il recueillit les pois qui avaient mûri les premiers, les sema, et reconnut, ainsi qu'il s'y attendait, que les plantes nées de ces pois avaient une tendance de plus en plus prononcée à la précocité. En trois ou quatre générations, avec la précaution de choisir toujours comme porte-graines les plantes les plus promptes à fleurir, il obtint la variété à laquelle on a donné son nom ; le pois Bivort est l'un des plus précoces de ceux qu'on peut cultiver à l'air libre ; quoique peu développé, il l'est encore trop pour prendre place parmi les nains et se prêter à la culture forcée. Si l'on donnait toujours, comme l'a fait en cette occasion M. Bivort, assez d'attention aux accidents heureux de végétation qu'il est possible de fixer, l'horticulture s'enrichirait d'une foule de sous-variétés des plantes les plus utiles à l'homme.

Dans la troisième série, celle des pois tardifs, généralement assez gros et destinés principalement à être mangés avec du veau ou des pigeons, les meilleurs sont le pois *Clamart*, le *Marly* et le *ridé de Knight*, d'Angleterre.

Les pois ne réussissent bien que dans les terres légères ; ils redoutent le contact du fumier récent et perdent les propriétés qui font leur mérite, quand on les sème plusieurs années de suite à la même place.

On sème vers la fin de novembre les pois précoces au pied d'un mur exposé au midi ; quand l'hiver est doux, la tige principale périt ; mais la racine subsiste et donne de très-bonne heure au printemps deux bonnes pousses latérales. On sème de nouveau les mêmes variétés dans les premiers jours de février ; ces semis ne sont guère moins aventurés que ceux de novembre ; cependant, sous le climat de Paris, ils traversent assez souvent l'hiver sans accident et fleurissent de très-bonne heure pour donner leurs premiers produits à la fin de mai ou dans la première quinzaine de juin. Il n'y a encore à cette époque que les pois provenant de la culture forcée ; de sorte que, quand les semis de novembre et de février à l'air libre ont réussi, bien qu'ils soient peu productifs, ils ont toujours beaucoup de valeur. Comme on n'a pas de motif pour désirer en obtenir la plus grande quantité possible de pois, mais qu'on cherche seulement à en récolter une quantité modérée avec le plus de précocité possible, on pince les sommités fleuries quand le bas des tiges commence à se charger de cosses bien formées; la suppression des sommités hâte la formation des pois dans ces cosses.

Les pois de saison et les pois tardifs, dont la culture est la même, se sèment soit par touffes, soit en lignes suffisamment espacées pour le placement facile des rames. Ces pois ont besoin d'un sarclage accompagné d'un léger buttage avant d'être ramés.

On admet généralement une quatrième division comprenant les pois sans parchemin, aussi nommés *pois goulus* ou *mange-tout*, parce que les cosses peuvent être mangées aussi bien que les semences à l'état frais. Ces pois appartiennent à la division des tardifs; leur culture n'offre rien de particulier.

La maladie du *blanc*, provenant d'une sorte de champignon miscrocopique, attaque souvent les pois tardifs pendant les sécheresses de l'été. Bien que ces pois lèvent, croissent et fleurissent parfaitement à une époque assez avancée de la belle saison, il est inutile de prolonger les semis au delà de la seconde quinzaine de juillet; les pois semés trop tard ne donnent pour ainsi dire aucun produit, les jours d'automne étant devenus trop courts pour que la fécondation des fleurs puisse avoir lieu; ces fleurs, très-abondantes, donnent seulement des espérances qui ne doivent pas se réaliser.

8° *Haricots.* Les variétés et sous-variétés de haricots produites par la culture sont encore plus nombreuses que les variétés de pois. Au point de vue du jardinage, elles se rangent naturellement dans deux divisions, celle des haricots *à rames* et celle des haricots *nains* ou *sans rames.*

Dans la première division, le premier rang appartient au haricot *blanc de Soissons* à grandes rames. Viennent ensuite le haricot *sabre* de Belgique, le haricot *princesse* ou *mange-tout* de Belgique, le *rouge suisse*, et une multitude d'autres, gris, jaunes, noirs et bigarrés.

Parmi les nains, l'un des meilleurs est le *flageolet* des environs de Paris, également bon à écosser frais, à manger comme légume sec et à consommer en qualité de haricot vert. Après lui, dans la même division, les plus estimés sont le haricot *sabre nain*, le *soissons nain*, et le *nain hâtif de Hollande.* Le haricot, beaucoup plus sensible au froid que le pois, ne peut pas être semé à l'air libre avant la fin d'avril, ce qui retarde jusque fort avant dans l'été la récolte de ses premiers produits. On peut abréger le temps de sa croissance, mais en diminuant sa fécondité. A cet effet, on le sème très-serré, à raison d'un litre par mètre carré, sur une couche sourde qu'on a soin d'arroser très-sobrement, pour que les haricots germent et lèvent sans trop se presser; une couverture de paillassons soutenue par quelques perches suffit pour les empêcher de geler, la couche étant établie au pied d'un mur au midi. Le moment venu où les haricots peuvent être mis en place sans danger, on les transplante soit en touffes, soit en lignes, dans un état de végétation peu avancée, mais qui suffit cependant pour que la récolte de leurs produits devance de quinze jours celle des haricots semés à l'air libre en place à la même époque.

Lorsqu'on cultive les espèces disposées à monter beaucoup, il faut leur donner des perches assez longues pour qu'elles puissent grimper à leur aise. Quand les perches sont trop courtes, et que les haricots sont forcés de laisser pendre leurs tiges ou de se replier sur eux-mêmes, ils sont beaucoup moins productifs. On sème les haricots nains en lignes ou par touffes. Dans un sol très-frais, où la plante peut avoir à souffrir d'un excès d'humidité, les semis en lignes sont préférables; les courants d'air qui circulent entre les lignes favorisent l'évaporation. Dans un sol naturellement sec, il vaut mieux semer par grosses touffes de six ou sept haricots; les touffes volumineuses ombragent mieux le terrain que les plantes en lignes; elles préviennent l'évaporation et retardent les effets nuisibles de la sécheresse.

9° *Fèves.* Ce n'est guère que dans le midi de la France, où il s'en fait une très-grande consommation, que les fèves de marais ont une importance majeure comme plante potagère;

dans les départements du centre et du nord, la place occupée par ce légume dans le potager tend plutôt à diminuer qu'à augmenter. C'est cependant un excellent légume à manger écossé frais, quand le grain est encore jeune dans les cosses.

Les meilleures fèves pour la culture jardinière sont la *julienne* ou *fève naine*, très-précoce; la fève de *Mazagan*, de Portugal; la *verte*, ainsi nommé parce que son grain ne change pas de couleur en mûrissant; la fève anglaise de *Windsor*, et la *fève à longues cosses*. Rien de plus simple que la culture de la fève. On sème en place depuis février jusqu'en avril; on peut même, au pied d'un mur, au midi, semer dès le mois de janvier; car la fève supporte passablement une gelée peu intense qui ferait périr les haricots. Quand la fève est en pleine fleur, elle est souvent attaquée par le puceron noir, dont il est difficile de la préserver. On supprime les sommités fleuries dès que quelques-unes des fleurs inférieures, qui se sont épanouies les premières, ont formé leurs cosses; le retranchement des fleurs supérieures, qui dans tous les cas ne produiraient rien, tourne au profit des cosses réservées sur le bas de la plante.

Lorsqu'après avoir récolté les fèves à l'état frais on coupe au pied les tiges encore vertes, elles repoussent, refleurissent et peuvent donner, si l'arrière-saison leur est favorable, une seconde récolte de fèves fraîches, moins abondante, bien entendu, que la première. C'est une expérience curieuse qu'on peut répéter dans un grand potager où l'espace ne manque pas, et qui donne la satisfaction de cueillir de très-bonnes fèves plusieurs mois après l'époque naturelle de la récolte de ce légume.

10° *Oignons*. Bien que l'oignon ne forme jamais un mets à lui tout seul, et que bien des gens n'en puissent supporter le goût, il est cependant l'assaisonnement indispensable d'un grand nombre de mets d'un usage général, ce qui en rend la consommation énorme et la culture en grand très-profitable; il n'est pas de potager bien tenu où il ne doive avoir sa place. Trois variétés sont principalement cultivées; elles se distinguent par la couleur de la peau mince et luisante qui recouvre leurs bulbes : ce sont l'*oignon blanc*, l'*oignon violet* et l'*oignon jaune*. Ce dernier, le plus facile de tous à conserver d'une année à l'autre, est aussi le plus communément cultivé. On rencontre aussi dans quelques potagers l'oignon *blanc de Nocera*, très-petit, bon seulement pour être confit au vinaigre; l'*oignon poire*, de forme allongée, l'oignon d'Égypte ou *rocambole*, dont la tige se charge de bulbilles, et l'*oignon patate*, qui ne se multiplie que par ses caïeux et ne donne point de graines.

Les variétés généralement cultivées se sèment habituellement en place, à la volée, dans une terre ameublie par plusieurs labours, raffermie ensuite par le piétinement, et bien fumée avec de l'engrais très-consommé; car le fumier récent nuit aux oignons comme à toutes les plantes bulbeuses. Aux environs de Paris, les maraîchers ont l'excellente coutume de semer moitié graine d'oignon, moitié graine de poireau sur la même planche recouverte de terreau à sa surface. Quand le poireau est assez fort pour être arraché et transplanté, les oignons se trouvent convenablement espacés pour achever de grossir sans se gêner réciproquement. Cette plante ne souffre pas, surtout pendant la première période de sa croissance, le voisinage de la mauvaise herbe; elle réclame des sarclages répétés aussi souvent que le sol qu'elle occupe est envahi par les plantes nuisibles. Quand les oignons ont à peu près leur grosseur, on tord leur touffe de feuilles pour concentrer la séve dans l'oignon et favoriser son grossissement.

On peut aussi semer l'oignon très-serré en été, de façon à ce qu'il ne forme que des bulbes du volume d'une petite noisette. Ces petits oignons, dont on récolte ainsi des milliers sur un très-petit espace, sont au printemps de l'année suivante plantés un à un, en lignes, dans un terrain préparé comme pour les semis de graine d'oignon; ils y prennent dans le courant de l'été leur volume normal.

11° *Poireaux.* Le poireau est, comme l'oignon, un légume dont bien des gens ne peuvent supporter la saveur, et dont il se consomme pourtant des quantités énormes. L'un de ses mérites comme plante potagère, c'est sa grande rusticité; il résiste sans en souffrir au froid des hivers du climat de Paris, et même à celui des hivers plus rigoureux de la Belgique et de la Hollande. Deux variétés de poireau sont admises dans le potager, le *poireau long* et le *poireau court* ; ce dernier comprend deux sous-variétés, le *gros court du midi*, assez sensible au froid, et le *gros court de Rouen* ou de *Normandie*, d'une rusticité à toute épreuve. Sous le climat de Paris et des départements au nord de la vallée de la Seine, on ne peut cultiver que le poireau long et le gros court de Rouen.

Le poireau se sème en pépinière de bonne heure au printemps ; on sème une seconde fois en été, afin d'être abondamment approvisionné pour l'hiver. Le plant se transplante lorsqu'il est parvenu à la grosseur d'un tuyau de plume ; on met en place le poireau long à 0^m,12 ou 0^m,15 en tout sens, et le court à 0^m,20, parce qu'il devient beaucoup plus gros. La terre doit être préparée comme pour la culture de l'oignon ; on ne donne pas au poireau une fumure spéciale ; il est transplanté dans un sol fumé pour une récolte précédente. Au printemps, il est difficile d'empêcher le poireau de *monter*, c'est-à-dire de se disposer à fleurir et à porter graine ; il perd alors toute sa valeur alimentaire et doit être vendu avant de manifester cette disposition ; d'où il résulte qu'entre la fin des derniers poireaux de l'année précédente et l'arrivée sur le marché des nouveaux poireaux de l'année courante, il y a disette de ce légume. Afin de prévenir autant que possible cet inconvénient, on sème très-tard en septembre du poireau qu'on ne transplante pas ; l'hiver passé, il finit par monter comme les autres poireaux cultivés selon la méthode ordinaire ; mais il monte beaucoup plus tard, et, quoiqu'il ne devienne jamais fort gros, il se vend avec avantage tant que les poireaux nouveaux ne sont pas encore bons à livrer à la consommation.

12° *Aulx, échalottes, ciboules, civettes.* Chacun de ces légumes n'entre que comme assaisonnement et pour de faibles quantités dans la nourriture de l'homme ; l'ail seul se consomme en grandes quantités et se cultive en grand dans les jardins potagers du midi de la France. La culture de toutes ces plantes est celle de l'oignon. La civette et l'échalotte ne se cultivent qu'en bordure dans les potagers; elles y occupent une place très-restreinte.

13° *Oseilles, épinards, tétragones.* De ces trois plantes, l'oseille et l'épinard ont une importance réelle et peuvent être considérés comme indispensables à cause de leur emploi journalier en toute saison. Rien de plus rustique que les diverses variétés d'oseille, dont la plus estimée est *l'oseille à larges feuilles.* On la multiplie, soit de semis au printemps, soit par la division des touffes au printemps et en automne. En hiver, une légère couverture de paille favorise la végétation de l'oseille, que les gelées n'arrêtent jamais complétement; ses feuilles jeunes et d'une acidité peu prononcée en cette saison sont très-profitables au jardinier de profession, et d'une grande ressource pour la cuisine du jardinier amateur. L'oseille vient partout, mais un sol riche, un peu fort et frais tout à la fois, est celui qui lui convient le mieux. Dans une terre parfaitement appropriée à sa culture, l'oseille, pendant l'été, ne monte pas aussi rapidement que dans un sol sec et trop léger; en retranchant ses tiges florales à mesure qu'elles se montrent, on lui fait facilement donner de bonnes feuilles toute l'année, sans interruption. Les touffes anciennes doivent être rajeunies par la division, ou renouvelées de semis au moins tous les trois ans.

L'épinard a pour principal mérite de résister passablement à un froid modéré, de ne disparaître du marché qu'après les fortes gelées, et d'être par conséquent au nombre des légumes frais qui figurent sur le marché pendant une partie de l'hiver; c'est la seule saison où sa vente soit avantageuse. On cultive plusieurs variétés d'épinards, dont la plus estimée est connue sous le nom d'*épinard d'esquermes.* L'épinard se sème à la volée, du printemps à l'automne; les derniers semis donnent des plantes dont les feuilles se récoltent en plein hiver; l'épinard n'exige aucun soin particulier de culture. Quand ses feuilles ont été atteintes par une gelée un peu forte, elles sont flétries, d'un vert foncé et comme demi-transparentes; il ne faut pas pour cela les croire perdues. Ces mêmes feuilles cueillies avant le lever du soleil, dégelées dans l'eau froide, puis étendues sur un plancher propre et *ressuyées* par un bon courant d'air, reprennent leur apparence primitive, et il est impossible de les distinguer de celles qui n'ont pas subi l'action de la gelée.

La *tétragone*, plante de la Nouvelle-Zélande importée en Europe comme succédanée de l'épinard, remplit très-bien cette destination pendant l'été. Tandis que l'épinard monte et ne donne presque plus de feuilles qu'il soit possible d'utiliser à la cuisine, la tétragone, peu disposée à monter, donne en abondance des feuilles qui ont toutes les propriétés alimentaires et à très-peu de chose près la saveur de l'épinard.

Nous avons omis à dessein de mentionner la culture du *pé-tsaï* ou chou de la Chine et de quelques autres plantes telles que le *quinoa* du Pérou, qui, après avoir eu leur moment de vogue à l'époque de leur introduction, n'ont pas conservé droit de bourgeoisie dans nos potagers, où elles ne sont cultivées que rarement et par exception.

IV. Légumes-racines.

Les légumes-racines occupent une place importante dans le potager, sans compter celle qui leur appartient dans l'agriculture moderne, comme base principale de l'élève et de l'engraissement du bétail.

1° *Navets*. Quoique le navet, considéré comme plante potagère, ne soit pas le plus estimé des légumes-racines, c'est à lui que revient de droit la priorité, par des motifs qu'il n'est pas hors de propos de faire connaître.

La plupart des légumes-racines ont été introduits à des époques plus ou moins modernes dans nos jardins potagers, à l'exception du *navet*, légume gaulois, comme le chou. L'histoire a pris soin de nous montrer Curius Dentatus épluchant de ses mains consulaires des *navets* pour son dîner, et ne s'interrompant pas même pour recevoir les ambassadeurs d'un souverain. A une époque plus rapprochée de la nôtre, Charron, chanoine théologal de Notre-Dame de Paris, avait pris pour armoiries le *navet*, symbole de la

frugalité, avec la célèbre devise *Paix et Peu*, qui résume
son livre de la Sagesse écrit sous les derniers Valois. Dans
la cuisine et l'horticulture contemporaines, le navet, fort dé-
chu du premier rang qu'il occupait jadis, ne figure plus avec
distinction que dans l'ordinaire du soldat; un poëte popu-
laire a eu le droit de dire à ce sujet :

> Doux *navets*, tendres haricots,
> Bon pain noir, excellente eau claire,
> Voilà le dîner des héros !

Plusieurs espèces de navets fort estimables sont néanmoins
admises dans les potagers ; ce sont particulièrent le *turneps
à collet rose*, le navet *long blanc de Claire-Fontaine*, le
jaune de Freneuse, le *nankin de Finlande* et le *violet de
Moscou*; ces deux derniers, peu volumineux, d'un goût délicat, ont été récemment introduits dans l'horticulture française.

La culture de tous les navets est des plus simples ; les terrains légers siliceux leur conviennent mieux que les terres
fortes argileuses. On les sème en lignes ou à la volée, sur des
planches préparées par un bon labour et fumées pour une
culture précédente. Plus tard, le jeune plant, qui lève ordinairement trop serré, est éclairci et sarclé pour détruire la
mauvaise herbe.

Les espèces à croissance rapide, comme le turneps à collet
rose et le navet nankin de Finlande, peuvent être semés jusqu'à la fin de juillet et prendre tout leur accroissement
avant la fin de la belle saison. Dans ce cas, les navets récemment levés veulent être préservés par des arrosages fréquents des atteintes de la sécheresse. Tous les navets ont
pour ennemie l'*altise* ou *tiquet*, aussi nommée *puce de terre*,
parce qu'elle saute comme la puce, avec laquelle elle n'a
d'ailleurs aucun rapport de parenté. Quelques arrosages
d'engrais liquide composé de jus de fumier ou d'urine de
bétail étendue d'eau, détruisent en partie l'altise et font
prendre aux navets un développement assez rapide pour les
soustraire aux ravages de cet insecte, qui ne peut plus rien
contre eux dès qu'ils ont pris leur quatrième feuille. Les

navets semés les derniers doivent être arrachés avant l'invasion des premiers froids; bien qu'ils ne gèlent pas, les petites gelées les endommagent assez pour en altérer le goût et les rendre impropres à l'usage culinaire.

2° *Carottes.* De même que le navet, la carotte est cultivée à la fois dans les champs comme racine fourragère à l'usage des bestiaux, et dans le potager comme légume-racine. En Belgique, le goût de ce légume cru est regardé comme tellement irrésistible, qu'il est en quelque sorte permis à tout le monde, en traversant un champ de carottes, d'en arracher quelques-unes pour s'en régaler. Dans les provinces Wallones, le fermier qui sème ses carottes en plein champ dit alternativement, à chaque poignée de graine qu'il répand à la volée : « Voilà pour moi; voilà pour les passants. »

Les carottes se divisent en trois séries distinctes, les *rouges*, les *jaunes* et les *blanches*. Parmi les rouges, la carotte *courte hâtive*, dite *toupie de Hollande* et la carotte *longue d'Altringham* sont les plus estimées pour la culture potagère; on y admet aussi la carotte *jaune d'Achicourt*, et la *blanche transparente*, nouvelle sous-variété encore peu répandue.

Les carottes se prêtent facilement à la culture forcée; c'est la carotte *courte hâtive de Hollande* qu'on préfère pour cet usage. (Voy. *Primeurs*). Dans la culture à l'air libre, les premiers semis de carottes se font à la volée dès la fin de février, mais à bonne exposition. Cette plante préfère à tous les terrains un sable gras fumé abondamment l'année précédente, à moins qu'on ne puisse lui donner au moment des semailles une fumure d'engrais très-consommé. On continue les semis pendant tout l'été de mois en mois pour avoir constamment de jeunes carottes à récolter, lorsqu'elles ont atteint seulement la moitié de leur volume. Les derniers semis se font en septembre, au pied d'un mur, au midi; la carotte d'Altringham et la jaune d'Achicourt sont les meilleures pour ces semis tardifs. L'hiver surprend les jeunes carottes dans un état peu avancé de développement; il ne les détruit pas, à moins qu'il ne soit d'une rigueur exceptionnelle; au printemps, elles recommencent à grossir, et elles sont bonnes à récolter avant celles qui proviennent des premiers semis à l'air libre.

M. Vilmorin a levé de nos jours, par une expérience directe que tout le monde peut répéter, tous les doutes qui pouvaient exister quant à l'origine de la carotte. Il a récolté des graines de carotte sauvage qu'il a semées dans les conditions ordinaires d'une culture potagère : dès la troisième génération, il a eu pour résultat des carottes d'excellente qualité.

3° *Panais.* Cette racine ne tient pas une grande place dans le potager ; son usage principal dans la plupart de nos départements, c'est de donner du goût au bouillon et de faire partie obligée des légumes admis dans le traditionnel *pot-au-feu* des ménagères françaises. Dans le Nord ainsi qu'en Belgique, le panais jouit dans les potagers d'une plus grande considération ; il y est traité comme un excellent légume de printemps, égal ou supérieur à la carotte ; hâtons-nous de faire observer que la saveur propre au panais, et que bien des gens trouvent trop prononcée, est singulièrement adoucie quand la plante est cultivée sous un climat septentrional, dans un sol sableux très-léger, et que sa racine est consommée cuite comme de jeunes carottes, alors qu'elle ne dépasse pas le volume du petit doigt. Les jardiniers maraîchers des environs de Metz ont obtenu par la culture une variété de panais à racine courte, obtuse, de la même forme que la carotte toupie de Hollande ; ce panais est consommé dans ce pays en grande quantité comme légume-racine à étuver, lorsqu'il est à la moitié de son volume, selon l'usage belge.

L'expérience faite avec succès par M. Vilmorin sur la carotte sauvage a été répétée sur le panais sauvage par M. Ponsard. Le légume nouveau qu'il en a obtenu n'existe encore que dans très-peu de jardins ; sa valeur ne peut encore être bien appréciée.

La culture du panais est exactement celle de la carotte ; ils se plaisent dans les mêmes terrains et ont les mêmes ennemis, dont le plus redoutable est un insecte du genre *acarus*, faussement nommé *araignée* par les jardiniers. L'*acarus* fait un peu moins de tort aux panais qu'aux carottes, parce que le panais devient promptement assez fort et assez dur pour braver les attaques de cet insecte, tandis que la jeune carotte reste longtemps assez tendre pour en être dévorée, ce qui oblige assez souvent à recommencer les semis : c'est ce qui arrive très-rarement au panais. Ce légume-racine craint encore moins que la carotte le froid des hivers ordinaires du climat de Paris ; c'est à peine si les grandes gelées interrompent sa végétation ; il donne de très-bonne heure, au printemps, de jeunes racines bonnes à livrer à la consommation.

4° *Salsifis*, *scorsonère*, *scolyme*. Ces trois légumes sont cultivés pour la même destination ; le dernier, introduit seulement depuis quelques années en France, n'est pas encore très-répandu dans les potagers. Le salsifis est moins cultivé que la scorsonère, bien que tous deux possèdent la même saveur et les mêmes propriétés alimentaires ; ils sont surtout l'un et l'autre recommandables par la facilité de leur conservation : le froid n'exerçant sur eux aucun effet destructeur, on peut les laisser en place et ne les arracher qu'au moment de s'en servir. La scorsonère présente dans sa végétation un phénomène unique de physiologie resté inexpliqué. Tous les légumes-racines, après avoir fleuri et porté graine, deviennent coriaces, presque ligneux, et cessent d'être mangeables ; la scorsonère, semée au printemps, dans un sol bien fumé, forme promptement ses racines longues et droites, sans ramifications. La plupart des plantes fleurit et porte graine ; si ces plantes étaient arrachées en ce moment, on les trouverait tellement fibreuses qu'il serait impossible de les consommer Mais, au printemps de l'année suivante, les fibres ont disparu ; les racines sont redevenues charnues, tendres et remplies d'un suc laiteux, comme avant la floraison ; elles continuent de grossir sans rien perdre de leurs bonnes qualités.

La scorsonère est particulièrement avantageuse à livrer à la consommation en hiver ; le temps qu'il faut pour la dépouiller de son écorce noire, origine de son nom (*scorza néra* en espagnol), restreint l'usage de cet excellent légume ; bien des ménagères craignent de perdre trop de temps à le nettoyer. A Lyon et dans plusieurs autres villes du midi, l'usage s'est établi de vendre les scorsonères tout épluchées ; cette coutume devrait être en vigueur partout où l'on mange des scorsonères.

5° *Pommes de terre*. Bien que la pomme de terre appartienne essentiellement à la grande culture, elle a nécessairement sa place dans le potager. Le jardinier doit rechercher les variétés, non pas les plus productives, mais les meilleures pour la cuisine, et en même temps celles qui, par leur précocité, occupent le moins de temps possible le sol du potager, et laissent de bonne heure, la place libre pour d'autres cultures. Les variétés qui remplissent le mieux cette destination sont *la Marjolin*, les deux variétés anglaises *Kidney* et *Shaw*, la *jaune longue de Hollande*, et la *Belge hâtive*, connue à Bruxelles sous le nom de *neuf semaines*. Pour toutes ces variétés, le meilleur mode de culture est la plantation automnale à la fin d'octobre, dans un terrain fumé pour une autre culture au printemps de la même année ; plus la terre est légère, mieux les pommes de terre précoces y développent leurs bonnes qualités. On plante à la profondeur de $0^m,30$, et l'on recouvre, par surcroît de précaution, le carré de pommes de terre d'une couche de feuilles ou de litière sèche. Par ce procédé, qui n'entraîne ni grande dépense ni grand embarras dans les proportions d'une culture jardinière, on peut compter que les pommes de terre ne souffriront pas de la gelée, quelque sévère que puisse être l'hiver, dont la température ne peut jamais être prévue avec certitude sous notre climat inconstant. La maladie des pommes de terre, même dans la grande culture, sévit rarement sur les pommes de terre précoces ; on leur donne une chance de plus pour y échapper, au moyen d'une dose de chaux vive et de sel dans laquelle on les roule au moment de la plantation ; les proportions sont d'un kilogramme de sel pour dix kilogrammes de chaux. Si cependant, avant la formation des tubercules, la maladie vient à se déclarer, il faut saupoudrer du même mélange les pommes de terre au moment où l'on commence à s'apercevoir qu'elles contractent les taches brunes, symptôme certain de l'invasion de la maladie. Les pommes de terre précoces ainsi traitées ne se récoltent pas beaucoup plus tôt que celles des mêmes variétés qu'on plante au printemps; mais elles sont plus saines, plus volumineuses, plus abondantes, parce que les tubercules employés à la plantation ne se sont pas épuisés par une production inutile de pousses étiolées, ce qui leur arrive toujours lorsqu'au lieu de les planter en automne on les conserve en tas dans une cave ou dans un *silo*, pour les planter dans les premiers jours de mars.

6° *Radis.* Quoique le radis soit un mets indigeste qui convient peu aux estomacs faibles, il est si généralement estimé que, dans un potager bien tenu, sa place doit être marquée au printemps et en automne. En été, assez d'autres produits du potager remplacent le radis, qu'il est difficile d'empêcher en cette saison de devenir creux à l'intérieur et de perdre par là toute sa valeur alimentaire.

Les radis se partagent en deux séries distinctes, celle des *petits radis*, blancs, saumonés, roses, rouges et jaunes, et celle des *gros radis*, noir, blanc et rose. Dans cette seconde série, le *noir* seul appartient à l'horticulture européenne, le *blanc* et le *rose*, excellents l'un et l'autre, sont des emprunts heureux faits par l'Europe à l'horticulture chinoise, à une époque assez récente, par les soins de M. l'abbé Voisin, missionnaire.

Le radis veut un sol léger, très-fertile, une forte dose d'engrais très-consommé, et des arrosages fréquents, moyennant quoi il végète avec une surprenante rapidité. Sa racine n'étant réellement bonne et tendre que quand elle est fort jeune, il n'en faut semer que peu à la fois, en renouvelant les semis pendant toute la belle saison, sauf les fortes chaleurs au milieu de l'été. La mode a étendu son empire jusque sur ce modeste légume; les variétés demi-longues, que ne recommande pourtant aucun mérite spécial, ont détrôné l'ancien petit radis rose rond et la petite rave des deux variétés rose et violette, qui ont complétement disparu de la culture maraîchère parisienne.

Les gros radis, le noir d'Alsace, du volume d'un navet ordinaire, le blanc de Chine et le rose de Chine, se sèment à la fin du printemps pour être récoltés en automne, et au commencement de l'automne pour être mangés en hiver; ils veulent le même sol que les petits radis, et des arrosages encore plus abondants.

7° *Oxalis crénelée*. Bien que l'introduction de cette plante en Europe remonte à une époque déjà assez éloignée de la nôtre, elle ne se rencontre encore que dans les jardins de quelques amateurs; ses tubercules n'ont pas pris rang parmi les légumes-racines d'un usage habituel. Comme aliment, on ne peut lui objecter qu'une légère acidité, dont on la débarrasse aisément en la faisant cuire aux trois quarts dans une première eau, pour achever sa cuisson dans une seconde eau, où elle devient à très-peu de chose près semblable à la pomme de terre, se prêtant comme celle-ci à toute espèce d'assaisonnement, soit seule, soit associée à diverses viandes. Comme plante potagère, l'oxalis crénelée a contre elle la somme considérable de main-d'œuvre qu'elle réclame, pour ne donner en définitive que ce qu'on peut obtenir avec moitié moins de peine d'une variété précoce de pomme de terre. Les tubercules d'oxalis crénelée, bien que peu volumineux, se plantent à 0^m,80, ou même à un mètre de distance en tout sens. Cet espacement est nécessaire pour pouvoir butter successivement la plante à mesure qu'elle grandit; ce n'est qu'en la buttant à diverses reprises qu'on lui fait porter un nombre prodigieux de petits tubercules, quelquefois jaunes, quelquefois blancs; car ils sont sujets à varier naturellement du jaune au blanc, sans modifier d'ailleurs par ce changement de couleur le reste de leurs propriétés. Lorsque, par la culture forcée, on aura pris la peine d'avancer assez la plante au printemps pour qu'elle fleurisse de bonne heure et produise des graines fertiles, il est probable qu'on en obtiendra, par les semis, comme de la pomme de terre, une foule de sous-variétés, parmi lesquelles il s'en trouvera qui mériteront d'être admises au rang des meilleurs légumes-racines.

Nous ne mentionnons que pour mémoire l'*arracacha*, l'*ulluco* ou *olluco*, et la psoralée ou *psorallier comestible*, aussi nommé *picotiane*, du nom de M. Lamarre Picot, son zélé propagateur. Ces plantes et plusieurs autres, telles que la *capucine tubéreuse* et la *glycine apios* ou *apios tuberosa*, soit par les difficultés de leur culture, soit en raison du temps trop prolongé pendant lequel elles font attendre leurs produits, n'ont pas jusqu'à présent justifié les éloges qui leur avaient été prodigués un peu légèrement à l'époque de leur introduction ; heureusement, sans leur secours, nos potagers sont assez riches en excellents légumes-racines, qu'une culture de plus en plus perfectionnée sait mettre en toute saison à la disposition des consommateurs.

V. Salades.

L'usage de la salade, quoique très-répandu, n'est pas fort ancien en France. Les lettres imprimées de Rabelais, dont les originaux sont conservés à la Bibliothèque, prouvent que ce fut lui qui envoya de Rome au cardinal d'Estrées, son protecteur, sous le règne de François Ier, les graines des premières laitues qu'on ait cultivées en France. Quant à l'origine du mot *salade*, on le fait généralement dériver du mot *sel*, assaisonnement obligé de la salade. L'axiome des Italiens relatif à ce mets dont ils ont fait usage les premiers (peut-être en tenaient-ils la tradition des Grecs et des Romains), c'est que pour faire une bonne salade, il faut être *avare* de vinaigre, *prodigue* d'huile et *sage* de sel. L'homme qui montre les figures de cire ne manque jamais de dire à son public :

« Ceci vous représente, Messieurs et Dames, le grand sultan *Saladin*, ainsi surnommé parce qu'il mangeait prodigieusement de salade. »

Or, en examinant les choses de près et avec attention, on trouve qu'il existe en effet un rapport d'étymologie entre le sultan Sah-el-Eddin, nommé Saladin par les chroniqueurs des croisades, et la salade des Italiens. Notons que la salade se nomme en Italien, non pas *insalata*, mais *insalada*. On sait que les armées du moyen âge avaient adopté, sous le nom de *salade*, un casque d'une forme particulière, que portaient les troupes musulmanes de Sah-el-Eddin, et dont ce sultan célèbre passait pour l'inventeur. Quand les troupes de Charles VIII firent le siége de Naples, elles connurent pour la première fois l'usage de manger certaines plantes crues avec de l'huile, du sel et du vinaigre. Manquant de vases pour préparer ce mets nouveau, les soldats l'apprêtèrent dans leurs casques, dont le nom fut donné à cet aliment et aux plantes qu'on peut consommer sous cette forme. Voilà par quel ricochet on peut faire remonter l'origine du mot *salade* jusqu'au sultan Saladin.

Parmi les plantes propres à être mangées en salade, le premier rang appartient aux laitues, divisées en *laitues rondes* et laitues *longues* ou *romaines;* viennent ensuite les *chicorées*, aussi divisées en *chicorées proprement dites* et *endives* ou *scaroles*, auxquelles se rattache la chicorée étiolée, dite *barbe de capucin*. En troisième ligne se présentent les autres salades, *mâches*, *raiponces*, de qualité inférieure, qu'on mange quand il n'y en a pas d'autres, faute de mieux.

1° *Laitues*. La culture a enrichi nos potagers d'une très-grande variété de laitues dont les plus remarquables sont, parmi les précoces ou laitues de printemps, la laitue *gotte* ou *gau* et la *dauphine;* parmi celles d'été, la *laitue de Versailles*, la *blonde paresseuse* et la *laitue chou de Batavia*, la plus volumineuse de toutes; et parmi celles d'hiver, la *petite crépe*, la *laitue morine* et la *laitue de la Passion*. Ces dernières sont celles qui se prêtent le mieux à la culture forcée (Voy. *Primeurs*).

Dans la série des *romaines*, les meilleures sont la *blonde maraîchère*, l'*alphange*, la *verte d'hiver* et la *blonde de Brunoy*.

La culture des laitues rondes et romaines est très-peu compliquée, sauf celles qu'on élève sur couches comme primeurs. On les sème à la volée pour les repiquer en place en lignes à 0^m,20 ou 0^m,30 en tout sens, selon le volume qu'elles doivent acquérir. Elles demandent un sol gras et léger et des arrosages très-abondants. Les romaines, dès qu'elles se *coiffent* d'elles-mêmes en refermant leur cœur et en repliant le sommet de leurs feuilles, veulent être attachées par un lien de paille ou de jonc, qui empêche la lumière de pénétrer jusqu'aux feuilles centrales et les fait promptement blanchir.

Toutes les laitues ont pour ennemi le *turc* ou *ver blanc* (larve de hanneton) ; cet insecte attaque de préférence les racines des laitues pommées ; dès qu'on en voit une se flétrir, il faut se hâter de l'arracher, de détruire les vers blancs attachés à sa racine, et de la remplacer par une autre assez forte pour lutter avec ses voisines et ne pas se laisser étouffer.

2° *Chicorée.* Cette plante est, après la laitue, celle qui donne les meilleures salades. Les chicorées se partagent en deux divisions, dont la première comprend les *chicorées proprement dites*, et la seconde les *scaroles* ou *endives*.

Dans la première division, les plus répandues sont la *chicorée sauvage*, dont on mange en salade les très-jeunes feuilles au printemps et en été ; la chicorée *sauvage améliorée*, que l'habile culture de M. Jaquin a réussi à faire pommer ; la *chicorée blanche frisée de Meaux*, *d'Italie*, *de Rouen*, et la *toujours blanche*, la seule qui ne pomme pas.

Dans la seconde division, les meilleures scaroles sont la *ronde*, la *blonde à feuilles de laitue* et l'*endive de Liége*.

La culture de toutes ces salades est la même ; on les sème clair, soit sur couche, soit sur plate-bande à l'air libre, depuis les premiers beaux jours du printemps jusqu'à la fin de l'été ; on les transplante comme les laitues, en les espaçant conformément aux dimensions connues de chaque variété. Lorsqu'en s'étalant circulairement leurs feuilles couvrent tout le terrain, on les réunit en les liant avec un brin de paille ; elles blanchissent en peu de jours.

Les scaroles, remarquables par la rapidité de leur croissance, peuvent succéder aux derniers légumes de pleine terre en automne dans le potager, et avoir encore le temps, pendant les derniers beaux jours, de former leurs pommes, qui se conservent aisément et constituent l'une des meilleures salades d'hiver ; elles se mangent aussi cuites et hachées comme les épinards, soit seules, soit avec différentes viandes. En Belgique, on traite ces dernières scaroles avec fort peu de cérémonie ; quand elles sont au degré convenable de développement, vers la fin d'octobre, le jardinier rassemble les feuilles pour couvrir le cœur ; mais, au lieu de lier les scaroles, il se contente de jeter par-dessus un peu de terre qui maintient l'extrémité des feuilles et empêche les scaroles de se rouvrir. S'il survient de fortes pluies, elles pourrissent en partie ; mais elles ont si peu de valeur, qu'on y attache peu d'importance ; si le temps est favorable, les pommes deviennent aussi blanches et aussi bonnes que si elles avaient été liées une à une en temps opportun.

Nous ne devons pas oublier la chicorée *barbe de capucin*, dont il se fait à Paris, en hiver, une grande consommation, bien qu'elle forme une salade toujours assez dure et d'une amertume très-prononcée, d'ailleurs irréprochable au point de vue de la salubrité. Voici comment on obtient cette salade. On sème de bonne heure, au printemps, à la volée, très-serrée, de la graine de chicorée sauvage commune. Il faut choisir pour ces semis un sol ingrat et maigre. La chicorée y forme une quantité de racines longues, droites et minces. À l'entrée de l'hiver, toutes ces racines sont arrachées et liées en bottes, après qu'on a supprimé toutes les feuilles, moins celles du centre : c'est un ouvrage de patience. Cela fait, on porte ces bottes de racines de chicorée dans une cave parfaitement obscure, où l'on a préparé d'avance une couche de bonne terre de jardin mêlée de feuilles ; les bottes sont enterrées dans cette couche. Bientôt les racines rentrent en végétation et poussent de longues feuilles étroites, étiolées, d'un blanc jaunâtre : ce sont ces feuilles qui sont mangées en salade.

3° *Mâche*. En hiver, la partie peu aisée de la population des grandes villes ne peut pas prendre part à la consommation des bonnes salades dues à la culture forcée ; elle n'a à sa disposition que la chicorée *barbe de capucin* et les *mâches*. On cultive dans les potagers trois espèces de mâches : la *commune*, la *ronde* et la *mâche d'Italie* ou *régence*. La mâche commune est une plante sauvage, et, s'il est permis de le dire, une mauvaise herbe de notre pays. Dans tout le nord de la France, on ne la cultive pas ; on la cherche dans les champs de céréales qui en sont abondamment garnis depuis octobre jusqu'en mars ; on la nomme pour cette raison *salade de blé* ; elle est aussi connue sous les noms de *doucette* et d'*oreille de lièvre*. Toutes les espèces de mâches se sèment à la volée vers la fin de la belle saison, sur un sol raffermi par le piétinement ; la graine veut être très-peu enterrée. Les plantes se cueillent entières, très-jeunes ; celles qu'on enlève journellement font place aux autres, et l'on peut en récolter ainsi pendant tout l'hiver, la plante étant insensible à l'action du froid. La mâche, ainsi nommée, selon toute apparence, parce que pour parvenir à l'avaler il faut beaucoup la mâcher, ressemble plus à une plante fourragère, sauf sa petitesse, qu'à une véritable salade. Sa culture dans le potager serait depuis longtemps abandonnée, on n'en peut douter, si la culture forcée était seulement assez perfectionnée pour pouvoir alimenter en hiver les marchés des villes en bonnes laitues, à des prix assez modérés pour les mettre à la portée de toutes les classes de consommateurs.

4° *Raiponce.* Le nom de cette plante est dérivé du latin *rapunculus*, qui signifie *petite rave*. En effet, la meilleure partie à manger en salade, c'est la racine longue et blanche, renflée vers le milieu de sa longueur, et dont la saveur rappelle plus ou moins celle de la noisette. La raiponce est une *campanule* indigène d'Europe, où on la rencontre partout dans les lieux incultes, sur les bords des chemins ; sa fleur est une jolie clochette bleue, tout à fait semblable, sauf les dimensions, à la campanule pyramidale ; elle est bisannuelle. La graine se sème en juillet, soit sur une plate-bande à part, soit dans un terrain occupé par d'autres cultures. Depuis le moment où la graine de raiponce est semée jusqu'à celui où elle lève, la terre qui lui est consacrée ne doit pas rester un seul moment sèche, sans quoi cette graine ne lève pas ; il faut donc, en cas de sécheresse, l'arroser plusieurs fois par jour. Une fois qu'elle est levée, on n'a plus besoin de s'en occuper. L'hiver n'interrompt pas sa végétation ; elle est bonne à consommer en salade, feuilles et racines, aux mois de mars et d'avril de l'année suivante, soit seule, soit associée à d'autres salades.

VI. Fournitures.

On ne peut se dispenser de cultiver, dans le potager, les plantes qu'on ajoute généralement aux diverses salades sous le nom de *fournitures*, et qui servent en outre à différents autres usages culinaires.

Ces plantes sont : le *cerfeuil*, le *persil*, le *cresson alénois* ou *petit passerage*, la *ciboule*, la *civette* et l'*estragon*. Nous avons parlé de ces deux dernières plantes en traitant de la culture des légumes proprement dits ; les autres ont ici leur place naturelle, à la suite des salades.

Le *cerfeuil* est une excellente plante, d'un goût agréable, d'un usage très-salubre. On doit en semer peu à la fois et renouveler fréquemment les semis du printemps à l'automne, parce qu'il monte très-facilement. Il est malheureusement facile de le confondre avec la plus dangereuse des mauvaises herbes, la *petite ciguë*, très-commune dans les jardins ; elle s'en distingue cependant par les divisions moins arrondies de ses feuilles et par leur nuance verte beaucoup plus foncée. Trois variétés de cerfeuil sont admises dans le potager : le *cerfeuil commun*, le *frisé* et le *musqué*, à odeur très-prononcée, dont le goût, bien qu'agréable, ne plaît pas à tout le monde ; tous trois sont propres aux mêmes usages.

Le *persil* entre comme assaisonnement dans un si grand nombre de mets, que la cuisine ne peut s'en passer en aucune saison ; aussi, pendant l'hiver, lorsqu'il est rare sur les marchés, se vend-il quelquefois à des prix comparativement très-élevés. Trois variétés sont principalement cultivées : le *persil commun*, le *frisé* et le *nain très-frisé*. On rencontre aussi dans quelques potagers le persil *à grosses racines*, dont les racines se mangent étuvées comme des scorsonères, et le *persil de Naples*, à grosses côtes. La graine de persil se sème pendant toute la belle saison ; c'est de toutes les graines potagères celle qui met le plus de temps à lever ; elle ne reste jamais en terre moins de trente-cinq à quarante jours. Dans tout le nord de la France et en Belgique, il existe un préjugé qui détourne les jardiniers et les gens de la campagne de semer du persil ; on prétend que cela porte malheur. On fait semer cette graine par quelque mendiant qui, pourvu qu'on lui fasse l'aumône, se charge volontiers de cette semaille, persuadé qu'il est aussi malheureux qu'il peut l'être, et ne saurait tomber plus bas que sa condition.

Le *cresson alénois* ou *petit passerage* est une toute petite plante d'une saveur agréable, quoiqu'un peu forte, qui s'allie très-bien aux laitues, dont elle relève le goût un peu fade. On doit semer le cresson alénois très-souvent et le couper très-jeune, car il monte encore plus facilement et plus vite que le cerfeuil ; pour l'avoir tendre et d'un goût qui ne soit pas trop piquant, on doit l'arroser plusieurs fois par jour.

L'*estragon*, cette plante d'un goût aromatique très-pénétrant, sert de fourniture pour la salade comme les précédentes ; elle est en outre l'assaisonnement obligé des cornichons confits au vinaigre. On prépare aussi du vinaigre à l'estragon pour divers usages culinaires. Quoique cette plante vienne de la Sibérie, elle est assez sensible au froid pour qu'il soit bon de rabattre ses tiges au niveau du sol à l'entrée de l'hiver, et de couvrir les souches de litière pour les préserver de l'effet des fortes gelées. L'estragon forme naturellement de grosses touffes et ne se multiplie que par la division des vieux pieds.

VII Culture des porte-graines.

Le jardinier jaloux de la bonne tenue de son potager doit veiller avec un soin attentif à la production et à la récolte des graines dans les meilleures conditions possibles ; il faut qu'il se fasse une loi de n'acheter au dehors que celles d'entre les graines de plantes potagères qu'il ne lui est pas possible de récolter dans son jardin. Quant à celles qui veulent être dépaysées, et qui donnent de meilleurs résultats lorsqu'on les fait venir d'une certaine distance que quand elles sont confiées au même sol qui les a produites, le jardinier qui passe pour soigner ses porte-graines trouvera toujours aisément à se procurer toute espèce de graines de légumes par voie d'échange. Nous indiquerons sommairement les principales règles à observer dans cette branche de culture, qui influe si puissamment sur le succès de toutes les autres.

Toute la tribu des choux est sujette à se modifier par les croisements accidentels; les porte-graines des variétés qu'on tient à conserver pures doivent, en conséquence, être isolés de ceux des autres variétés. Ils se traitent, d'ailleurs, tous de la même manière. Après avoir marqué les plus belles pommes, celles qui offrent au plus haut degré les caractères propres à chaque variété, on laisse en place la souche (*trognon*), après avoir livré la pomme à la consommation; elle reste en cet état jusqu'au printemps de l'année qui suit celle où les choux ont pommé. La souche coupée horizontalement est fendue en quatre jusqu'à quelques centimètres au-dessous de la section. Quand les jets qui doivent fleurir commencent à monter, on les supprime tous, moins un, sur chacune des quatre sections de la souche. Un peu plus tard, la plante étant sur le point de fleurir, on retranche les sommités des quatre tiges florifères réservées, afin que les fleurs s'ouvrent, autant que possible, toutes à la fois. Quelques jours avant la complète maturité des graines, les souches sont arrachées et placées debout sous un hangar; la graine achève d'y mûrir; elle est alors battue, vannée, criblée avec soin et conservée pour l'usage.

Beaucoup de jardiniers cultivent différentes variétés de coloquintes à fruits de diverses couleurs; quand ces fruits mûrs ont été parfaitement vidés à l'intérieur, puis séchés et munis d'un bouchon, ils tiennent lieu de sacs, de boîtes et de tiroirs pour la conservation des graines potagères; l'amertume de leur substance en écarte les insectes et la tribu destructive des petits rongeurs.

Pour obtenir de bonne graine de chou-fleur, on fait choix des pommes les plus parfaites et les mieux formées, qu'on laisse s'ouvrir jusqu'à ce qu'elles développent toutes leurs tiges florales. Mais, au lieu de les laisser toutes subsister, comme on le fait trop souvent parce que la graine de chou-fleur est toujours assez chère, on en retranche la plus grande partie, en même temps qu'on donne à la plante de fréquents arrosages d'engrais liquide ; la graine est ainsi produite en moindre quantité, mais de première qualité : c'est le point important.

Pour toutes les plantes bulbeuses, oignons, poireaux, ail, ciboule, ce sont toujours les bulbes les plus belles de chaque espèce ou variété qu'on doit planter comme porte-graines, avec la précaution de les tenir en hiver dans un lieu sec, assez chaud pour qu'elles n'y gèlent pas, assez froid pour qu'elles ne s'épuisent pas à pousser avant l'époque où elles peuvent être mises en place pour fleurir et porter graine.

Les pois, les haricots et les fèves réservés pour semence se conservent mieux dans leurs cosses que hors de leurs cosses ; au moment des semailles, ces graines sont écossées et triées avec soin, pour éliminer celles qui peuvent être tachées, piquées des insectes, ou défectueuses sous un rapport quelconque.

Les graines des légumes-racines, spécialement celles des navets et des carottes, dégénèrent promptement, si l'on néglige de faire choix pour porte-graines des plus belles racines de chaque espèce, et surtout de veiller avec la plus minutieuse attention à la conservation de ces racines en hiver. Les racines qui ont souffert dans les silos ou les caves où elles ont passé la mauvaise saison ne peuvent donner que des tiges florales languissantes et des graines défectueuses.

Nous devons, en terminant, dire quelques mots de ce que les jardiniers des environs de Nancy nomment la *double-échelle*, pour la culture des plantes porte-graines. Ce système consiste à donner des soins particuliers de culture à une première génération de plantes, dont on n'utilise point les graines ; on en sème seulement quelques-unes qui, provenant de plantes améliorées par une première année de culture, donnent des plantes de la plus grande perfection ; c'est dans cette seconde génération que l'on choisit les porte-graines. Les jardiniers lorrains doivent à ce système, constamment pratiqué par eux, la réputation méritée de leurs graines potagères, dont ils font un grand commerce.

VIII. Plantes potagères à fruit comestible.

Cette division des plantes potagères, dans laquelle le *fraisier* et le *melon* occupent le premier rang, constitue en quelque sorte une culture à part, dont les procédés ont peu de points communs avec ceux du reste de la culture maraîchère. Les produits de ces plantes sont au nombre de ceux dont la disette ou la mauvaise qualité contrarient le plus vivement le jardinier amateur ; ce sont aussi ceux dont le jardinier de profession, lorsqu'il réussit à les obtenir dans leur perfection, peut espérer à la fois le plus d'honneur et de profit : il importe donc à l'un et à l'autre de bien comprendre et de savoir appliquer avec discernement les principes de la culture rationnelle des plantes potagères à fruits comestibles. Ces fruits sont la *fraise*, le *melon*, le *concombre*, le *cornichon*, la *citrouille*, les *courges* de diverses variétés à fruit mangeable, la *tomate* ou *pomme d'amour*, et l'*aubergine;* la consommation de ce dernier fruit est très-limitée.

1° *Fraisiers*. Nous avons vu s'opérer de nos jours dans toute l'Europe une véritable révolution dans la culture du fraisier. Tout homme d'un âge mûr peut n'avoir pas oublié le temps où nos potagers ne connaissaient en fait de fraisiers que le *fraisier des Alpes des quatre saisons*, et le *gros capron blanc*, dit *ananas;* ceux qui avaient visité Spa pour jouer ou prendre les eaux avaient pu remarquer en outre que les fraisiers cultivés dans les jardins des environs de Spa, de Vervins et de Liége, appartenaient à une variété entièrement différente des deux précédentes La fraise écarlate de Virginie existait en effet dans ce pays depuis une époque qu'il ne nous a pas été possible de préciser, sans s'être répandue dans les pays voisins : il n'y avait pas d'autres fraises en Europe il y a quarante ans. Chacune de ces trois races avait produit, ainsi que la fraise sauvage des bois non remontante, plusieurs sous-variétés par la culture. Aujourd'hui, la place principale appartient dans la consommation aux fraises d'origine anglaise et américaine, d'une culture facile, très-volumineuses et excessivement productives, bien qu'elles ne donnent qu'une seule récolte par an. Quelques-unes de ces fraises sont plus ou moins *bifères*, dans ce sens qu'à l'arrière-saison quelques pieds refleurissent et donnent çà et là un petit nombre de fruits ; mais pas une n'est franchement remontante, et cette qualité précieuse est toujours le partage exclusif de la fraise des Alpes des quatre saisons.

Les catalogues des pépiniéristes anglais, français, belges et américains, contiennent une multitude de dénominations de fraises qui pourraient donner lieu de regarder cet excellent fruit comme beaucoup plus riche en espèces et variétés qu'il ne l'est réellement. La synonymie n'en est pas exactement fixée, de sorte que la même espèce est souvent présentée sous plusieurs noms différents. Nous nous bornons à indiquer les *races* et les propriétés qui les distinguent, avec les espèces les plus recommandables de chaque race.

Nous nommons avant toutes les autres la race des *fraisiers communs*, ayant pour type la *fraise des bois*. Il ne manque à cette fraise que le volume et la propriété de remonter ; nulle autre fraise ne lui est comparable pour la saveur et le parfum. Longtemps les marchés des villes ont été approvisionnés exclusivement de cette fraise primitive, dont les jardiniers allaient chercher le plant dans les bois. A cette race appartiennent la *fraise des Alpes*, très-franchement remontante, aussi productive en automne qu'en été ; la fraise *buisson de Gaillon*, également remontante, mais ne produisant pas de coulants, et la fraise dite *de Montreuil*, dont le vrai nom devrait être *fraise de Montlhéry*, car elle est originaire de ce village ; tous les fraisiers de cette race sont essentiellement européens. Nous mentionnons uniquement comme curiosité, dans la même race, le fraisier *monophylle*, dont le fruit ne se distingue par aucun mérite spécial, mais dont la feuille n'a qu'une foliole au lieu des trois qui composent la feuille des autres fraisiers.

Dans la race des *caprons*, fraises très-volumineuses, mais d'un goût peu délicat, peu colorées, d'une odeur souvent très-peu agréable, on compte plusieurs variétés qui toutes se confondent en une seule, le *capron unisexuel* ou *capron abricot*. Leur culture est à peu près abandonnée, depuis que les fraises de race anglaise sont devenues vulgaires dans tous les jardins.

Dans la *race anglaise*, improprement nommée *fraisiers ananas*, les croisements heureux, artificiels ou accidentels, ont produit et produisent encore tous les jours d'innombrables sous-variétés, dont les plus recommandables sont la *fraise de Bath*, la *Keens-seedling*, *Deptford*, *Elton*, *Brittish Queen*, *Black prince* et *Goliath*, la plus volumineuse de toutes. Les jardiniers français ont obtenu dans la même race presque autant de sous-variétés que les anglais; nous signalons, au nombre des meilleures, *Angélique Jamain*, la *duchesse de Trévise* et les *prémices de Bagnolet*. Il y en a tant et tant, qu'il n'y a réellement que l'embarras du choix. Mais, dans cette multitude de bonnes fraises de race anglaise, il en manque une qui soit remontante comme celle des Alpes : celui qui la trouvera aura sa fortune faite; plusieurs ont cru l'avoir conquise; le temps a dissipé leur erreur.

La race du Chili, à fruit très-volumineux, à feuillage très-développé, est facile à distinguer au premier aspect par l'étrangeté de toute son apparence ; les meilleures fraises de cette race sont la *wilmott superbe* et la *queen Victoria*.

Les fraisiers se multiplient par les nœuds des filets ou coulants, par les semis et par la division des touffes. Le premier moyen est le plus usité; c'est celui qu'emploie la nature, chaque nœud des coulants du fraisier ayant la propriété de s'enraciner au point où il touche le sol. Le second moyen ne s'emploie que pour tenter d'obtenir des variétés nouvelles ou pour ramener à leur type des variétés qui s'en écartent. La graine se récolte sur les plus beaux fruits, qu'on laisse sécher avant de l'en détacher. Les fraisiers qui ne produisent pas de coulants, et qu'on nomme pour cette raison *fraisiers buissons*, ne se multiplient que par la division des touffes.

Le fraisier préfère à tout autre sol une bonne terre franche de jardin, ni trop forte, ni trop légère, bien fumée et profondément labourée. Les fraisiers de la *race commune* ou *d'Europe* peuvent se planter à 0ᵐ,25 en tout sens , parce qu'ils ne forment jamais de très-grosses touffes ; les caprons et les fraisiers de race anglaise se plantent à 0ᵐ,30 ou 0ᵐ,35 les uns des autres, leurs touffes devenant plus volumineuses que celles des fraisiers européens. Ceux de la race du Chili ne peuvent être espacés à moins de 0ᵐ,50. La plantation se fait mieux en automne qu'au printemps, afin que les fraisiers aient le temps d'être bien enracinés avant l'hiver. La première récolte n'est jamais très-abondante, excepté pour la fraise des quatre saisons, qui donne immédiatement ; la seconde et la troisième année sont les plus productives ; la quatrième année, les plantations de fraisiers doivent être renouvelées. Les coulants qui se développent pendant la floraison et la fructification des espèces qui ne remontent pas sont supprimés à mesure qu'ils se montrent ; plus tard on en laisse la quantité dont on présume avoir besoin pour la multiplication ; on retranche tous les autres. Chez les espèces remontantes, on ne laisse de même subsister que la quantité de filets nécessaire pour renouveler les plantations.

Le *turc* ou *ver blanc* (larve de hanneton) est l'ennemi acharné du fraisier ; il y a des jardins où il est impossible, à cause de cet insecte destructeur, d'établir une bonne *fraisière*. Parmi les moyens indiqués pour délivrer le sol du ver blanc, nous en signalerons deux praticables dans les grands comme dans les petits jardins.

Le premier et le plus certain consiste à enterrer dans la plate-bande où l'on se propose de planter des fraisiers une couche de feuilles sèches de châtaignier de 0ᵐ,25 d'épaisseur, à la profondeur de 0ᵐ,40. On replace ensuite la terre, dans laquelle on plante les fraisiers. Les feuilles sèches de châtaignier se conservent indéfiniment dans le sol ; elles sont trop coriaces pour que les mandibules du ver blanc les puissent entamer ; elles arrêtent donc au passage tous les vers blancs qui peuvent se trouver dans le sous-sol au moment de l'opération. Ce procédé, bien qu'assez dispendieux dans certaines localités, n'a cependant rien d'impraticable dans un potager où les fraisiers n'occupent pas un trop grand espace.

Le second procédé est fondé sur la connaissance de ce fait, que les feuilles décomposées de toutes les crucifères font périr le ver blanc. On sème du colza ou de la navette, très-serré, sur le carré de jardin où l'on se propose d'établir une fraisière ; quand la plante est en boutons , on l'enterre par un labour soigné à la bêche. Les fraisiers sont ensuite plantés dans ce terrain, où tous les vers blancs qui se sont trouvés sous terre en contact avec les feuilles en décomposition du colza ou de la navette ont dû nécessairement périr. L'emploi de ce moyen , le seul qui soit praticable pour la culture en grand du fraisier, est d'un effet beaucoup moins certain que celui des feuilles sèches de châtaigner ; l'enfouissement en vert de la navette ou du colza doit être répété chaque fois qu'on renouvelle une plantation de fraisiers dans un sol infesté de vers blancs. On peut utiliser pour le même usage les feuilles de chou et de chou-fleur qu'on a coutume de jeter au fumier.

2° *Melons*. Le perfectionnement dans la culture du melon et la vulgarisation des meilleures espèces sont des progrès accomplis par l'horticulture contemporaine, et que nous avons vus se réaliser sous nos yeux. Un vieux poëte français avait dit, il y a trois siècles :

> Les amis de l'heure présente
> Sont d'un naturel de melon ;
> Il en faut goûter plus de trente
> Avant d'en trouver un bon.

Quoi qu'il soit advenu des amis, qui n'entrent pas dans notre sujet , les vers de Lamonnoye ont cessé d'être justes quant aux melons ; ce ne sont plus les bons , ce sont les mauvais qui sont devenus rares. Ce changement s'est opéré par deux moyens naturels : 1° les procédés de culture ont été très-perfectionnés ; 2° les espèces médiocres ont fait place aux plus délicates. Les melons cultivés se divisent en trois races distinctes: la première comprend les *melons brodés ;* la seconde, les *melons cantaloups ;* la troisième, les *melons à écorce lisse.*

Malgré les précautions prises pour les isoler, les melons

sont tellement sujets aux croisements accidentels, et si disposés d'ailleurs à varier par la culture sous l'empire de conditions diverses, qu'il règne dans les espèces, variétés et
sous-variétés, peu de fixité et beaucoup de confusion. La culture de la première race, celle des melons *brodés*, aussi
nommés *galeux*, sans côtes, est à peu près abandonnée aux
environs de Paris, après avoir été si générale qu'on nom-
mait les melons de cette race *melons maraîchers*. Aujour-
d'hui le véritable melon maraîcher c'est le *cantaloup*, dont
les diverses sous-variétés ont pour caractère commun des
côtes très-renflées, une écorce très-épaisse, et une chair rou-
geâtre d'un goût fin et délicat. Longtemps ces melons ont eu
peine à prendre dans les potagers la place qui leur appartient ; leur culture était regardée comme une sorte de secret
inaccessible aux jardiniers vulgaires ; on leur reprochait
aussi d'avoir moins de chair que d'écorce, et d'offrir, sous
une apparence très-volumineuse, peu de substance mangeable, ce qui peut être vrai jusqu'à un certain point ; mais
ce défaut des cantaloups n'a pas d'importance : le melon est
un aliment de fantaisie, sur lequel on ne compte pas pour
se rassasier ; la *qualité* est de beaucoup préférable à la
quantité.

Nous réservons pour le chapitre consacré aux primeurs la
culture forcée du melon ; il ne peut être ici question que de
sa culture telle que chacun peut la pratiquer dans le potager,
en commençant à l'époque où la plante peut supporter la
température de l'atmosphère. Ce n'est que vers le milieu de
mai que le melon peut être semé sur *couche sourde*, c'est-à-
dire sur une couche qui ne donne plus de chaleur, et dont
le fumier sert seulement à faire vivre les racines de la plante.
Le melon, comme toutes les plantes potagères de la famille
des cucurbitacées, ne craint pas le contact immédiat du fumier ; puis, si ses racines y plongent, et qu'en outre on
l'arrose avec de l'eau dans laquelle on aura délayé du guano
ou de la colombine, ce régime, qui tuerait bien des plantes
en apparence moins délicates, ne fait que rendre le melon
plus vigoureux. Dans la Perse, pays natal du melon, l'action
de la colombine sur cette plante est si bien appréciée que les

colombiers, très-nombreux dans ce pays, sont fréquemment nettoyés très-soigneusement, afin de faire profiter les melons de toute la colombine qui s'y produit.

Dès que les graines, dont on met trois dans chaque trou à la distance d'un mètre en tout sens sur la couche, sont levées et pourvues de leurs premières feuilles, la plante la plus vigoureuse est seule conservée; on la couvre d'une cloche pour activer sa croissance; elle grandit rapidement, grâce à des arrosages fréquents; dès qu'elle a pris un certain développement on lui donne de l'air pour la fortifier, en soulevant le bord de la cloche. Dès que le plant de melon a quatre feuilles, on pince l'extrémité de sa pousse pour le faire ramifier; il émet, en peu de jours, deux nouvelles pousses qui deviennent les branches mères; ces pousses sont également pincées à leur tour, au-dessus de leur deuxième feuille; enfin, les pousses provoquées par ce pincement sont elles-mêmes pincées, puis la plante est livrée au cours naturel de la végétation, jusqu'à ce qu'elle donne des *mailles* ou fleurs femelles, les seules auxquelles puissent succéder des melons; précédemment elle n'avait donné que des fleurs mâles, lesquelles devancent toujours les mailles. Quand les mailles ont noué, c'est-à-dire quand un jeune fruit bien formé leur a succédé, on commence à *tailler* les melons dans le vrai sens du mot. La taille consiste à supprimer toutes les branches qui n'ont que des fleurs mâles, et à retrancher de celles qui portent des mailles toute la partie qui dépasse l'œil situé au-dessus du fruit noué; c'est ce qu'on nomme la première taille, après laquelle chaque pied de melon porte trois ou quatre fois plus de fruits qu'il n'en peut nourrir. Au bout de quelques jours, on choisit, parmi les fruits, les deux qui semblent le mieux conformés, et l'on sacrifie tous les autres; il ne faut laisser trois fruits à nourrir qu'aux plantes d'une vigueur exceptionnelle. Peu de temps après, les pieds de melon ont besoin d'être taillés de nouveau pour retrancher la foule de pousses superflues émises par eux depuis la première taille, et concentrer la séve au profit des fruits.

Telle est la méthode le plus en usage pour la taille du me-

lon dans l'horticulture maraîchère parisienne; elle est assez
compliquée, et rien n'est plus facile pour le jardinier qui
manque d'expérience que d'y commettre des erreurs irréparables. Hâtons-nous d'ajouter que les plus habiles cultiva-
teurs de melons des environs de Paris ont apporté dans
cette méthode une réforme salutaire, et qu'au lieu de faire
subir aux plantes un grand nombre de mutilations, ils se
bornent à provoquer par le pincement de la première pousse
le développement de deux bras qui ne sont eux-mêmes taillés qu'une fois, lorsqu'ils ont pris six ou sept feuilles. De
cette taille unique naissent de nouveaux rameaux qui portent fruit et qu'on traite comme on vient de l'expliquer, toujours pour ne laisser, en fin de compte, que deux melons à
chaque plante. Nous répétons ici la recommandation de ne
réserver que les fruits les plus parfaits de forme : les autres
ne sont pas seulement disgracieux à la vue et difficiles à
vendre ; le plus souvent ils ne valent rien.

Quand les fruits grossissent, il est bon de placer une cloche sur chacun pour hâter sa maturité ; car, sous le climat
de Paris, il arrive trop souvent que les melons ainsi obtenus
sans le secours de la culture forcée mûrissent tard et ne
mûrissent qu'imparfaitement, s'ils sont laissés à l'air libre.
La protection d'une cloche les avance assez pour qu'ils viennent à maturité pendant les belles journées de septembre,
où la température est encore assez chaude pour rendre
agréable la consommation d'un bon melon. En septembre, il
arrive assez souvent que, des pluies abondantes ayant rendu
la couche très-humide, les melons sont exposés à se tacher
et à pourrir du côté qui est en contact avec elle ; on évite ces
accidents en plaçant sous chaque melon un morceau de tuile
qui le préserve de l'humidité.

La culture qui vient d'être décrite se rapporte, bien entendu, exclusivement au climat de Paris ; dans le midi de
la France, on se borne à faire un trou qu'on remplit de fumier mêlé de terre, et où l'on sème la graine de melon. Les
plantes sont livrées à elles-mêmes, et comme leur croissance,
favorisée par l'irrigation, est très-énergique, elles donnent une
grande confusion de branches et beaucoup de fruits. A peine

prend-on le soin d'en retrancher une partiĕ sans beaucoup de discernement. Aussi, malgré les bonnes conditions du sol et du climat, les melons produits par les plantes ainsi traitées ne valent-ils jamais ceux de la culture maraîchère des environs de Paris.

Nous croyons superflu de donner la liste des melons brodés, tous de qualité réellement inférieure ; parmi les cantaloups, les meilleurs sont le *petit prescost*, le *prescost*, le *noir des carmes*, et le *fin hâtif*.

Parmi les melons à écorce lisse, les meilleurs sont le melon de *Malte à chair rouge*, le *melon d'hiver* ou *melon de Cavaillon* à chair blanche, et le melon *de Perse* ou *d'Odessa*, vert, rayé de jaune.

Les melons à écorce lisse ne réussissent bien que dans le midi ; ils ont la propriété de se conserver presque tout l'hiver sans s'altérer. Quant à la *pastèque* ou *melon d'eau*, il serait inutile d'en essayer la culture en France ailleurs que sur notre extrême frontière du midi ; cette culture est des plus simples ; on sème la graine dans un sol bien fumé, on l'arrose largement, on ne la taille pas et on lui laisse tous les fruits qu'elle veut porter. Elle devient souvent énorme et n'a de commun que la forme avec les melons proprement dits, bien que son aspect extérieur ressemble beaucoup à celui des melons à écorce lisse.

3° *Tomates.* Ce n'est que dans le midi que les tomates fricassées avec un peu d'huile et beaucoup d'oignon forment un mets très-usité ; dans le reste de la France elles ne servent que d'assaisonnement, ce qui n'empêche pas que leur culture ne soit assez étendue et très-profitable. Sous le climat de Paris, on sème la graine de tomate sur couche au printemps ; le plant est repiqué sur la couche même, puis mis en place à l'air libre au mois de mai ; c'est donc une culture à demi forcée. On peut, à la vérité, semer les tomates à l'air libre au pied d'un mur, à l'exposition du midi, pendant la première quinzaine de mai ; les tomates fleurissent et portent fruit, mais seulement en automne, et les premières gelées blanches de septembre peuvent tuer la plante chargée de fruits encore très-loin de leur maturité.

Dans les bons terrains, la tomate est très-disposée à pousser un luxe inutile de branches et de feuillage ; si tout cela subsistait, les fruits, beaucoup trop nombreux, n'auraient ni qualité ni volume. On a soin, quand la plante est suffisamment chargée de fruits, de la contenir par le pincement. Si elle est plantée au pied d'un mur, on la palisse sur le treillage de l'espalier ; dans le cas contraire, on lui donne l'appui d'un espalier temporaire de paillassons soutenus par des piquets.

Si la mauvaise saison a surpris les tomates à demi mûres, ayant seulement commencé à changer de couleur, on cueille les fruits en cet état avec une portion de la tige ; ils achèvent de mûrir et prennent une bonne couleur sur une tablette, dans un lieu chaud, par exemple dans la cuisine ; mais ils doivent être immédiatement employés, car ils sont encore plus prompts à se corrompre que ceux qui ont atteint sur la plante leur complète maturité.

4° *Concombres et cornichons*. Ces deux plantes n'en font qu'une à proprement parler, puisqu'avec le temps tout cornichon livré au cours naturel de sa végétation finit par devenir concombre ; toutefois, les variétés élevées comme concombre, et dont on laisse le fruit acquérir tout son volume, ne sont pas les mêmes que celles dont on cueille le fruit très-jeune pour le confire au vinaigre sous le nom de cornichon.

La consommation du concombre est assez limitée en France pour que cette plante ne tienne pas une grande place dans le potager ; en Angleterre, au contraire, il s'en consomme énormément. Il existe, dans plusieurs comtés, à Ipswich particulièrement, des sociétés exclusivement occupées de l'encouragement et du perfectionnement de la culture du concombre. La culture du concombre, sous le climat de Paris, est toujours à demi forcée ; le plant, élevé sur couche dans des pots, pour en faciliter la transplantation, se met en place en mai, dans des trous pleins de fumier bien consommé recouvert de terreau, à la distance d'un mètre en tout sens. La plante veut être arrosée largement et contenue par le pincement et la taille ; on ne laisse à chaque pied qu'un nombre de fruits proportionné à sa force.

Les meilleures variétés de concombre sont le *blanc long*, le *jaune long* et le *hâtif de Hollande*.

Le concombre cornichon n'a pas besoin d'être semé sur couche ; il se sème dans des trous préparés et espacés comme pour le concombre long. Loin de contenir la plante, on ne la pince que pour lui faire émettre le plus de branches possible ; elle n'en a jamais trop ; il en est de même des fruits, qui doivent être cueillis à mesure qu'ils atteignent la grosseur du petit doigt. Les rameaux de la plante devant envahir tout le terrain entre les trous, il est bon de couvrir le sol de litière, afin que le contact du sol humide n'expose pas les rameaux à pourrir et ne salisse pas leur fruit, dont tout le monde connaît l'usage comme hors-d'œuvre confit au vinaigre.

5° *Citrouilles et courges.* Le développement énorme que prennent ces plantes ne permet pas de leur réserver une place dans les potagers de petites dimensions. Dans les grands potagers, on ne peut même les cultiver qu'en nombre fort restreint. On remplit de bon fumier des trous d'un mètre de diamètre, profonds de $0^m,75$; on recouvre le fumier, après l'avoir bien *piétiné*, de $0^m,25$ de bonne terre, et l'on sème, au mois de mai, trois graines dans chaque trou, pour n'y laisser subsister plus tard qu'une des trois plantes nées de ces graines. Dès que les citrouilles lèvent, elles veulent des arrosages fréquents ; plus tard, quand elles ont développé leurs longues tiges et leur ample feuillage, elles absorbent des quantités d'eau énormes et veulent être mouillées à fond deux fois par jour. Les fleurs femelles ou *mailles* ne se montrent que longtemps après que la plante s'est couverte de fleurs mâles ; quand chaque plante porte deux ou trois fruits bien noués, on retranche le rameau un peu au-dessus de la maille, et on supprime les rameaux inutiles chargés uniquement de fleurs mâles, opération qu'il faut renouveler peu de temps après ; car la plante ne tarde pas à se charger de nouveaux rameaux superflus.

Cette culture convient à la *citrouille* proprement dite, aussi nommée *potiron*, et à toutes les espèces de *courges*. On préfère aujourd'hui généralement la citrouille *verte de Hon-*

gric et la jaune *boule de Siam*, de forme circulaire aplatie, à la grosse citrouille d'un volume énorme, autrefois seule cultivée aux environs de Paris ; cette dernière, à chair peu épaisse, contenant un vide énorme à l'intérieur, se conserve mal et se moisit promptement ; les espèces plates, à chair très-épaisse, n'ayant intérieurement que la place nécessaire à leurs semences, sont plus faciles à conserver, et, même après qu'elles ont été entamées, elles contractent difficilement la moisissure.

Les meilleures espèces de *courges comestibles*, aont au reste le fruit ne conserve pas toutes ses propriétés quand on les cultive sous une latitude trop septentrionale, sont la *courge à la moelle* et la *courge messinaise*, l'une et l'autre en forme de poire. Leur chair contient comparativement peu d'eau et beaucoup de substance alimentaire ; aussi est-elle très-nourrissante. La meilleure manière de les consommer comme mets délicat, c'est de les faire frire par tranches préalablement marinées dans l'huile, fortement assaisonnées de sel et de poivre. C'est la forme sous laquelle on mange ordinairement ces courges dans nos départements du midi, où elles sont très-estimées. La courge à la moelle, cuite dans du lait, forme une bouillie plus agréable et à peu près aussi nourrissante que les *gaudes*, préparées avec la farine de maïs.

6° *Aubergine* ou *Melongène*. La culture de cette plante est à peu près celle du melon ; elle ne peut se passer du secours de la culture forcée sur couche très-chaude ; autrement elle fructifie si tard que ses fruits ne mûrissent pas. Bien que l'aubergine constitue un mets difficile à digérer et qui n'est pas du goût de tout le monde, quelques jardiniers s'occupent avec succès de sa culture aux environs de Paris, et tirent de ses produits un parti avantageux. L'aubergine se mange farcie, grillée ou frite dans l'huile. La seule espèce qui réussisse bien avec le secours de la culture forcée, hors de nos départements du midi, c'est l'aubergine *à fruit violet*. Les fleuristes cultivent, en outre, comme plante d'ornement, l'aubergine *à fruit blanc*, de la forme et du volume d'un œuf de poule ; aussi la plante est-elle nom-

mée vulgairement *herbe aux œufs;* sous le climat de Paris,
il serait imprudent de manger ces fruits qui, sans être précisément au rang des poisons, exposeraient les gastronomes
à des indigestions sévères; l'aubergine blanche n'a d'ailleurs, quant au goût, aucune supériorité sur l'aubergine
violette.

CHAPITRE V.

LES PRIMEURS.

I. Principes de la culture forcée.

Sous les climats septentrionaux et tempérés, plusieurs des plantes potagères les plus indispensables ne donneraient pas leurs produits sans le secours de la culture forcée; c'est-à-dire que, pour hâter la maturité de ces produits, il faut les *forcer* à végéter à une époque de l'année où naturellement elles ne végéteraient pas.

Trois éléments, la chaleur, l'humidité et la lumière, sont nécessaires pour contraindre les plantes potagères à pousser hors du temps de leur végétation naturelle à l'air libre. Les deux premiers sont à l'entière disposition du jardinier; il peut, à son gré, les ménager et en régler la distribution : il n'en est pas de même du troisième ; quand il n'y en a pas, il faut s'en passer. L'impossibilité de fournir aux plantes forcées la lumière à volonté, comme l'humidité et la chaleur, est le seul obstacle qui s'oppose à ce qu'on puisse les contraindre à végéter sans interruption comme celles des régions tropicales.

Pour que les plantes potagères forcées donnent des produits satisfaisants, il faut que la température à laquelle elles sont soumises soit aussi égale que possible : c'est le point capital ; un coup de chaleur trop vif ou un refroidissement subit, de quelques minutes seulement, suffit pour tout perdre. Il est aussi fort essentiel que ces plantes ne souffrent ni de la sécheresse ni d'un excès d'humidité. Ces principes s'appliquent aussi bien aux plantes *à demi forcées*, qui naissent sur couche et achèvent à l'air libre le cours normal de leur végétation , qu'aux plantes *complétement forcées* , qui naissent, croissent et donnent leurs produits sous l'influence exclusive et non interrompue de la chaleur artificielle. Nous traiterons dans ce chapitre de la culture forcée des plantes potagères, dans l'ordre adopté précédemment pour l'exposé des principes de leur culture naturelle à l'air libre. Les méthodes pour forcer les arbres fruitiers trouveront place à la fin de la section consacrée aux fruits.

La chaleur artificielle, à l'usage de la culture forcée des plantes potagères, est produite par deux moyens : 1° le fumier sous forme de couches; 2° l'eau chaude au moyen de l'appareil nommé *thermosiphon*.

1° *Construction des couches*. Trois espèces de couches sont en usage pour la culture des primeurs : ce sont les couches *chaudes*, *tièdes* et *sourdes*. Leurs dimensions varient comme l'importance des cultures auxquelles elles doivent servir. Comme la chaleur artificielle qu'elles produisent est épuisée au bout d'un temps plus ou moins long, il est toujours nécessaire de les *réchauffer* en les entourant de fumier en pleine fermentation , composant ce qu'on nomme en terme de jardinage les *réchaufs* ou *réchauds* de la couche. Pour que l'action des réchauds se fasse sentir sur tous les points de la couche, il importe qu'elle ne soit pas trop large, surtout lorsqu'elle est destinée aux cultures forcées qui se pratiquent en plein hiver ; les couches chaudes ne doivent pas, pour ce motif, avoir à la base plus de 0^m,80 de large. Un peu plus tard, à mesure qu'on avance vers les premiers beaux jours du printemps, l'usage des réchauds devenant moins nécessaire, on peut donner aux couches une largeur dont la base soit de 1^m,30; dans tous les cas, leur longueur est indéterminée; chaque jardinier la règle selon les besoins de son exploitation; leur hauteur est d'environ un mètre.

Pour construire une *couche chaude* à primeurs, on se sert de fumier de cheval en pleine fermentation. Si ce fumier a été depuis assez longtemps conservé sec, ce qui l'a mis dans l'impossibilité de fermenter, on le mouille fortement, et il s'échauffe aussitôt; en cet état, il est bon pour monter les couches chaudes. La chaleur de ce genre de couches est très-vive; mais elle dure peu et doit être entretenue par l'action des réchauds.

Les *couches tièdes*, dont la chaleur moins intense est beaucoup plus durable que celle des couches chaudes, sont construites avec un mélange de fumier de cheval, de bêtes bovines et de bêtes ovines, par parties égales, avec un tiers de feuilles. La lenteur avec laquelle ces diverses substances se décomposent prolonge leur fermentation ainsi que la durée du temps pendant lequel elles produisent une chaleur artificielle, uniforme et modérée. Les plantes potagères forcées périraient bientôt si elles devaient croître dans une couche chaude ou tiède; ces couches ne contribuent en aucune façon à leur alimentation; on les charge à leur surface, soit de terreau pur, soit d'un mélange par parties égales de terreau et de bonne terre de jardin; l'épaisseur de ce chargement varie selon la nature et les besoins des plantes qui doivent y vivre.

Les *couches sourdes* ne se montent jamais que vers la fin de la saison des primeurs, quand les couches chaudes et tièdes ne donnant plus assez de chaleur, ayant rendu d'ailleurs tous les services qu'on en pouvait attendre, peuvent être démolies; leurs matériaux, qui ne sont pas encore entièrement épuisés, servent à construire les *couches sourdes*. Tandis que les couches chaudes et tièdes ont dû être montées sur le sol même d'une plate-bande, les couches sourdes s'établissent dans une tranchée de 0ᵐ,35, à 0ᵐ,40 de profondeur; la partie supérieure, qui dépasse de 0ᵐ,15 à 0ᵐ,20 le niveau du sol, est chargée de terreau ou de terre mélangée de terreau comme pour les couches chaudes et tièdes. La couche sourde donne très-peu de chaleur, mais elle en donne longtemps, et quand les plantes forcées, repiquées sur sa surface, plongent par leurs racines dans son intérieur, elles y trouvent la plus riche des nourritures; c'est surtout en ce point que les couches sourdes diffèrent essentiellement des couches chaudes et tièdes.

La manière de monter une couche mérite quelques explications. Le fumier, lorsqu'il se trouve au degré convenable d'humidité, étant amené sur le terrain, et la place que doit occuper la couche étant marquée par des piquets et par deux cordeaux parallèles, on dispose sur les bords les portions les plus longues de la litière faisant partie du fumier, on mélange bien le reste à la fourche et on en remplit tout l'intérieur de la couche, en élevant celle-ci à toute sa hauteur par l'une de ses extrémités et en continuant à la construire de la même manière en reculant. De temps en temps, pour *tasser* au degré convenable le fumier de la couche, le jardinier, chaussé d'une paire de sabots, *danse* régulièrement sur sa couche à moitié montée, en même temps qu'il y répand sous forme de pluie, à l'aide d'un arrosoir à gerbe percée de trous fins, assez d'eau pour la bien humecter. Toutes ces opérations, pour réussir complétement, exigent beaucoup d'habileté pratique. La couche montée trop sèche fermente mal et donne trop peu de chaleur; la couche mal *tassée*, plus chargée de fumier sur un point que sur un autre, donne une chaleur inégale; la couche trop mouillée fermente trop, elle donne un coup de chaleur très-vif, puis son fumier passe à l'état de terreau; on dit dans ce cas que la couche *s'est brûlée*, et elle ne peut rendre aucun bon service à la culture forcée des plantes potagères.

Les couches étant bien montées chacune selon sa destination, et chargées de terre ou de terreau, l'on y pose les *panneaux* formés de leur coffre en bois et d'un châssis vitré. Elles sont alors prêtes à recevoir les semis, les repiquages, les transplantations; plusieurs n'ont ni coffre, ni châssis, et reçoivent une garniture de cloches abritant les plantes potagères forcées. Les couches qui doivent être réchauffées sont disposées de manière à ce que les réchauds placés dans l'intervalle laissé entre deux couches puissent leur communiquer la chaleur à l'une et à l'autre.

On voit par ce qui précède que le fumier, employé en quantités énormes pour produire la chaleur artificielle des couches chaudes et tièdes, ne sert absolument à rien pour entretenir la vie végétale des plantes potagères forcées; celles-ci vivent exclusivement aux dépens de la terre ou du terreau dont la surface de ces couches est recouverte; elles ne reçoivent du fumier que la chaleur et un peu de vapeur d'eau qui filtre à travers la masse jusqu'à leurs racines.

2° *Thermosiphon*. Le thermosiphon, comme moyen de chauffage artificiel à l'usage de la culture forcée, l'emporte évidemment sur le fumier, qui finira par être partout abandonné et ne se maintiendra que dans les très-petites cultures où la somme des produits à récolter ne couvrirait pas les frais d'établissement d'un thermosiphon, bien que cet appareil soit dès à présent très-perfectionné et à très-bon marché. Le thermosiphon a pour principal avantage, ainsi que nous l'avons déjà constaté, de produire une chaleur très-égale, très-uniforme, très-prolongée, qui n'expose jamais les plantes forcées à un refroidissement subit, toujours à redouter quand on emploie tout autre moyen de produire la chaleur artificielle. A l'aide de deux rangs de tuyaux à eau chaude partant du thermosiphon et passant à travers des coffres qui se font suite les uns aux autres et sont recouverts de leurs châssis vitrés, on produit dans la terre abritée sous ces châssis la température nécessaire à la culture des plantes potagères forcées, sur une surface considérable. C'est en effet au moyen du thermosiphon que les principaux établissements d'horticulture maraîchère, consacrés à la production des primeurs pour la consommation de Paris, chauffent avec un succès remarquable leurs cultures forcées. Cette innovation a ramené à des prix moins exagérés le fumier des chevaux de luxe et de travail nourris dans la capitale; avant la généralisation de l'emploi du thermosiphon dans la culture en grand des primeurs, ce fumier était monté à un taux exorbitant.

Il est vrai que cette branche de l'industrie horticole, depuis qu'un réseau de chemins de fer relie Paris à nos départements méridionaux, a beaucoup perdu de son ancienne importance. Mais quand Paris recevra de divers points du midi de la France des primeurs de toute espèce, à des prix en présence desquels il n'y aura pas de concurrence possible de la part de l'horticulture maraîchère parisienne, la culture forcée des primeurs n'aura rien perdu de son charme pour le jardinier amateur; il pourra toujours goûter le plaisir très-vif de la difficulté vaincue, en pratiquant cette culture sur une échelle réduite aux proportions des besoins de sa propre consommation.

II. Culture forcée des légumes proprement dits et des salades.

On force principalement, parmi les légumes proprement dits, les *pois*, les *haricots*, les *asperges* et les *choux-fleurs*, et parmi les salades, la *laitue ronde* et la *romaine*.

1° *Pois forcés*. La culture forcée des pois de grande primeur commence en novembre; les semis sur couche chaude se continuent de semaine en semaine pendant les mois de décembre et de janvier. On peut semer en place sur une couche chaude préparée comme il a été expliqué; on peut aussi, et c'est le procédé le plus usité, semer sur une couche semblable en *pépinière*, très-serré, et repiquer, soit sur une autre couche chaude, soit sur une couche tiède. Les pois repiqués très-jeunes en lignes dans le terreau de la couche fleurissent et fructifient plus vite que ceux qu'on a semés en place. On fait choix, pour ces semis, des espèces naines les plus précoces. La végétation forcée des pois de grande primeur, ayant lieu pendant les jours à la fois les plus courts et les plus froids de l'année, a besoin d'être entourée de soins de tous les instants. Dès que la couche perd de sa chaleur, les réchauds de fumier récent doivent lui rendre sa température première; les carreaux des châssis, à moins qu'il ne règne au dehors un froid très-vif, doivent être essuyés à l'intérieur plusieurs fois par jour. S'il survient de fortes gelées, d'épaisses couvertures de paillassons ou de litière longue sont placées sur les châssis et déplacées vers le milieu du jour, quand le soleil se montre, afin de prévenir l'étiolement des pois forcés, qui ne supportent pas une obscurité complète trop longtemps prolongée. Dès que leurs tiges ont atteint la longueur de 0^m,12 à 0^m,15, il est temps de les *coucher*, ce qui se fait en posant sur la partie inférieure de leurs tiges renversées avec précaution des lattes minces ou de légères baguettes. En peu de jours, cette position horizontale donnée momentanément aux pois forcés les contraint à se ramifier et à fleurir plus abondamment que s'ils avaient gardé leur position verticale, qu'ils reprennent bientôt en formant un coude au-dessus des lattes. On peut dès lors enlever celles-ci ; le but du *couchage* est atteint. Le soin d'essuyer l'humidité condensée à la surface intérieure des vitrages est un des plus importants de tous ceux que réclament les pois forcés ; si cette précaution est négligée, des gouttes d'eau glacée tombant sur les jeunes plantes leur font un tort souvent irréparable ; il n'en faut pas davantage pour faire manquer l'opération.

On ne peut pas indiquer d'une manière précise le produit d'une culture de pois forcés sur une étendue de couche déterminée ; le succès dépend d'un trop grand nombre de circonstances essentiellement variables. Il en est de même du temps qui s'écoule entre le moment où l'on sème les pois sur couche et celui où l'on récolte leurs premiers produits ; l'intervalle est d'environ deux mois, de sorte que les pois semés en novembre se récoltent en janvier, ceux des semis de décembre en février, et ainsi de suite. La culture forcée des pois ne doit pas être prolongée au delà du temps où ses produits rencontreraient sur le marché les premiers petits pois provenant de la culture à l'air libre.

2° *Haricots forcés.* La culture forcée du haricot a principalement pour but de récolter du haricot vert ; il est rare qu'on la prolonge jusqu'à la formation du grain dans les cosses. Sa marche est exactement celle de la culture forcée des pois ; seulement elle veut être commencée un peu plus tard, en décembre, le haricot forcé pouvant encore moins que le pois se passer de lumière. Après avoir fait choix d'une bonne espèce naine précoce (à Paris, c'est le haricot flageolet qu'on préfère pour cette culture), on sème en pépinière pour repiquer en lignes sur une couche très-chaude, dès que le plant a deux feuilles bien formées outre les feuilles séminales.

Quand le haricot forcé est parvenu à la hauteur de $0^m,20$, on le couche comme les pois, ce qui produit sur lui le même effet ; la partie des tiges qui se relève ne tarde pas à fleurir :

c'est le moment critique de cette culture. S'il survient alors des froids très-intenses qui obligent le jardinier à charger ses châssis de litière ou de paillassons pour empêcher la gelée d'y pénétrer, l'obscurité prolongée étiole les haricots forcés encore plus vite que les pois; s'ils résistent en l'absence de la lumière solaire, leurs fleurs tombent en grande partie, et le produit est presque nul. Mais aussi, lorsqu'à force de soins il a complétement réussi, c'est un véritable triomphe pour le jardinier amateur d'avoir à offrir à ses convives, dès les premiers jours de février, un beau plat de haricots verts obtenus sur couche chaude par la culture forcée.

3° *Asperges forcées.* Il n'est pas de légume qui se prête plus docilement que l'asperge aux procédés de la culture forcée; il n'en est pas non plus qui récompense mieux le jardinier de ses soins et de ses avances, parce que sur un petit espace, il peut récolter une quantité considérable d'asperges forcées. Plusieurs moyens sont en usage pour *chauffer* l'asperge, comme disent les maraîchers de Paris; nous indiquerons les plus usités. La plus grande partie des asperges livrées en hiver à la consommation est forcée *en place*. Les planches d'asperges que le jardinier s'est proposé de chauffer en hiver ont été établies d'après la méthode que nous avons exposée (page 54), avec cette seule différence, que les griffes ont été plus rapprochées dans les fosses et que des espaces plus larges ont été ménagés dans leurs intervalles. On ne soumet à la culture forcée sur place que des asperges de quatre à cinq ans de plantation, dont les fosses sont par conséquent revenues au niveau du sol environnant par des rechargements successifs, et ne sont plus séparées les unes des autres par des ados. Au mois de décembre, l'opération commence par le défoncement des intervalles entre les planches d'asperges; les sentiers sont remplacés par des rigoles de 0^m,40 de profondeur; la terre qu'on en retire est répandue très-également sur la surface des planches afin de les rehausser et de donner par là aux asperges forcées plus de longueur. Cela fait, des coffres à couches sont placés sur les planches ainsi disposées; l'intérieur des coffres est rempli de bon fumier frais de cheval, et les châssis vitrés sont posés par-dessus. Le fumier dans les coffres doit être modérément humide et moins fortement tassé que celui d'une couche chaude ordinaire. On remplit ensuite du même fumier les rigoles entre les planches, de sorte que les asperges reçoivent la chaleur de haut en bas et par les côtés, ce qui ne tarde pas à les faire entrer en végétation. De temps en temps le jardinier enlève les châssis et dérange le fumier pour voir si les asperges poussent et pour récolter celles qui sortent de terre les premières; ce sont toujours celles qui ont le plus de valeur; la récolte faite, le fumier est remis en place. Le même système est suivi tant que les planches fournissent des asperges forcées. Tous les coffres ne doivent pas être mis en place en même temps, afin que les asperges forcées ne donnent pas tous leurs produits à la fois; les dernières doivent rejoindre les premières asperges récoltées à l'air libre. On ne chauffe les asperges sur place que tous les deux ans, afin qu'elles ne soient pas plus promptement épuisées que celles qu'on ne force pas; cette opération ainsi ménagée ne paraît pas abréger la durée de l'existence des planches d'asperges.

Le second procédé pour chauffer l'asperge consiste à planter dans un coffre rempli d'un mélange de terre et de terreau par parties égales, de 0^m,40 d'épaisseur, des griffes d'asperges de quatre à cinq ans, ou bien les meilleures d'entre les griffes d'une plantation d'asperges qui a fait son temps et qu'on est décidé à sacrifier. Ces griffes sont plantées tout près les unes des autres, mais en laissant cependant à leurs *doigts* la place nécessaire pour s'étendre dans toutes les directions sans toucher à leurs voisines; elles doivent avoir 0^m,10 de terre sous elles et 0^m,30 par dessus. Les tuyaux pleins d'eau chaude d'un thermosiphon passent au travers d'une série de coffres semblables, entre deux rangées de griffes d'asperge; on pose les châssis vitrés sur les coffres, et on allume du feu dans le foyer sous la chaudière du thermosiphon : ce feu doit être entretenu modérément, mais jour et nuit. Les asperges ainsi forcées viennent à la même époque et sont d'aussi bonne qualité que les asperges forcées sur place. Le procédé que nous venons de décrire est actuellement très en usage dans l'horticulture maraîchère parisienne.

Un troisième procédé pour forcer les asperges a pour but d'obtenir, non de grosses asperges, dites *asperges blanches* en termes de jardinage, mais des asperges longues et minces connues sous le nom d'*asperges vertes*, parce qu'en effet elles sont vertes dans presque toute leur longueur. Les coffres sont placés sur des couches chaudes montées à l'ordinaire, et sur la surface desquelles sont plantées des griffes d'asperges, non pas à plat, mais debout et se touchant toutes par les côtés. On insinue du terreau entre les doigts de ces griffes, et on a soin de laisser à découvert leur plateau supérieur, duquel sortent bientôt les pousses longues et effilées des asperges vertes. La même méthode peut être suivie en employant pour chauffage le thermosiphon au lieu du fumier.

4° *Choux-fleurs forcés*. La culture forcée peut fournir des choux-fleurs à la consommation pendant tout l'hiver. Dans ce but, on a dû semer à l'air libre en automne du plant de chou-fleur tendre hâtif (*petit Salomon*). A l'arrivée des premiers froids, ce plant est déjà bon à repiquer sur une couche tiède où il prend une partie de sa croissance. On prépare alors une étendue d'autres couches tièdes proportionnée à la quantité de choux-fleurs qu'on se propose de forcer. Le plant déjà avancé par le repiquage y est mis en place à 0^m,30 en tous sens ; il y forme rapidement ses pommes, qui, sans être très-volumineuses, ont toutes les qualités propres à leur espèce. Une partie du plant mis en place sur couche sourde donne ses produits un peu plus tard ; ils rejoignent sur le marché les choux-fleurs obtenus par la culture à l'air libre, mais au moyen de plant provenant de semis faits à l'automne, hiverné sur couche sourde sous châssis froid.

Cette manière de forcer le chou-fleur tendre en hiver est moins pratiquée qu'elle ne devrait l'être ; ses produits obtiennent des prix fort avantageux pour le jardinier de profession ; ils fournissent au jardinier amateur un excellent mets à une époque de l'année où les bons légumes frais sont toujours rares. Le plant hiverné sur couche sourde pour être mis en place en pleine terre au printemps, s'il manque d'air et de lumière, est sujet à s'étioler, à fondre, comme disent les jardiniers; les châssis qui l'abritent doivent donc être soulevés chaque fois que la température extérieure le permet.

On force exactement comme le chou-fleur le *brocoli*, espèce de chou-fleur à pomme d'un tissu très-fin, verte, violette ou jaune clair, particulièrement cultivée en Italie, et dont la culture à l'air libre ne réussit pas toujours sous le climat de Paris.

3° *Laitues rondes forcées*. C'est une grande privation pour la masse des consommateurs de manquer de bonnes salades en hiver. Cependant, la culture forcée des laitues rondes est très-facile; ses produits viennent très-vite et peuvent être obtenus en grande abondance, à moins que l'hiver ne soit d'une rigueur tout à fait exceptionnelle; dans les années ordinaires, il devrait y avoir en hiver de la laitue forcée pour tous les consommateurs, à des prix accessibles à toutes les bourses.

On force de préférence la laitue *crêpe* et la laitue *gotte*, non pas en raison de leur mérite particulier, car elles sont de qualité médiocre, mais parce qu'elles supportent parfaitement la culture forcée à l'étouffée, et que ni l'absence de la lumière ni la privation d'air ne les empêche de pousser : cette dernière condition est au contraire regardée comme nécessaire au succès. Les couches sur lesquelles on force ces deux espèces de laitues sont montées assez haut pour qu'il y ait le moins d'espace possible entre les laitues et le châssis qui recouvre la couche. Le plant élevé sur couche chaude, repiqué très-jeune sur une autre couche semblable, puis mis en place sur une troisième couche également chaude, ne tarde pas à *tourner*; c'est l'expression reçue et elle est fort juste. Ces laitues sont bonnes à livrer à la consommation du moment où leurs feuilles centrales se contournent en se repliant sur elles-mêmes, sans toutefois former une véritable pomme comparable à celle des bonnes espèces de laitues cultivées au printemps à l'air libre. Mais, lorsqu'on les compare aux mâches, seule salade de la saison, elles semblent excellentes, et il n'y en a pas pour tous ceux qui en désirent. On a soin de renouveler les semis et les repiquages de manière à ne pas manquer de laitues forcées jusqu'au moment où celles de pleine terre sont bonnes à récolter, afin que le service essentiel de la salade ne souffre pas d'interruption.

6° *Romaines forcées.* Il y a vingt-cinq ans, la romaine forcée était encore la plus recherchée des primeurs, et le talent de la forcer sur couche passait pour la pierre de touche de l'habileté du jardinier maraîcher. Le goût du public s'est un peu modifié depuis; mais la romaine, bien qu'elle soit moins estimée qu'autrefois, tient encore, comme culture forcée, une place importante dans le potager. On sème sur couche tiède, en novembre ou décembre, assez clair pour que le plant ne s'effile pas trop. Au commencement de janvier, on marque sur des couches tièdes préparées d'avance la place du nombre de cloches que leur surface peut recevoir; à la place désignée pour chaque cloche, on plante cinq romaines qu'on cultive, non pas à l'étouffée comme les laitues *gotte* et *crêpe*, mais en donnant de l'air aussi souvent que le temps le permet, et en garnissant de litière les espaces vides entre les cloches, quand le froid est un peu vif. On peut aussi cultiver la romaine sous châssis sur couche tiède; il faut dans ce cas tenir la couche assez basse pour que les romaines, quand elles ont acquis tout leur volume, ne touchent pas au vitrage.

III. Culture forcée des légumes-racines.

Les principaux légumes-racines habituellement soumis à la culture forcée sont les pommes de terre et les carottes. Les autres ont trop peu de valeur pour couvrir les frais de ce genre de culture, ou bien il ne leur est pas applicable, l'hiver étant l'époque naturelle de leur mise en consommation, et leur conservation ne pouvant donner lieu à aucune difficulté.

1° *Pommes de terre forcées.* Depuis un demi-siècle, la pomme de terre est devenue l'accompagnement obligé d'un grand nombre de mets, et la cuisine de toutes les classes de la société ne peut s'en passer en aucune saison. Vers la fin de l'hiver, les pommes de terre de la récolte précédente, commençant à subir le mouvement de fermentation qui accompagne le développement de leurs germes, prennent une saveur douceâtre et perdent en grande partie leur valeur alimentaire ; de là la nécessité de les remplacer par de nouvelles pommes de terre obtenues au moyen de la culture forcée. En Allemagne, près des grandes villes, spécialement aux environs de Berlin, on ne force pas précisément la pomme de terre, mais on l'obtient à l'air libre de bonne heure en très-grande quantité, en faisant germer les tubercules dans un local approprié à cet usage. Ces pommes de terre, plantées avec leurs germes très-développés, qu'on a grand soin de ne pas briser, dans un sol léger, à l'exposition du midi, donnent en très-peu de temps des tubercules mangeables.

Aux environs de Paris, on soumet la pomme de terre Marjolin, l'une des plus hâtives, à une véritable culture forcée. Au moins de décembre, on enterre très-légèrement à la surface d'une vieille couche sourde, sous châssis froid, des pommes de terre hâtives de moyenne grosseur. Quand leurs germes et leurs racines sont suffisamment développés, on les lève avec précaution pour les planter de même à fleur de terre dans un mélange par parties égales de terre de jardin et de terreau épais de $0^m,30$, à la surface d'une bonne couche chaude ; elles y forment, dès la fin de mars, des tubercules peu volumineux, peu savoureux, mais fort recherchés comme primeurs, en attendant les pommes de terre nouvelles de pleine terre. Pour en faire la récolte, on n'arrache pas les touffes ; on dérange délicatement la terre et on enlève les tubercules assez gros pour être vendus, sans détruire ceux qui commencent seulement à se former.

2° *Carottes forcées.* On force de préférence à toute autre la petite carotte rouge courte hâtive connue à Paris sous le nom de *toupie de Hollande.* Depuis quelques années, la consommation de cette carotte, dans sa primeur, a pris de grandes proportions ; les maraîchers, par la culture forcée, la produisent au printemps en quantités énormes, et la livrent à des prix assez modérés, tout en y trouvant très-bien leur compte. Voici comment ils traitent cette culture : la graine de carotte courte hâtive se sème assez clair, sur couche chaude, une première fois en novembre, une seconde fois en février ; huit jours après la levée, elle est éclaircie une première fois ; elle l'est une seconde fois au besoin quinze jours plus tard. Il importe de maintenir, pendant toute la croissance de la carotte forcée, la température la plus égale possible ; on renouvelle par conséquent les réchauds autour de la couche assez souvent pour qu'elle ne se refroidisse pas. Dès qu'une partie des carottes est bonne à consommer, on les arrache pour faire place aux autres, qui grossissent successivement. Les deux *saisons* de carottes forcées, comme disent les maraîchers, doivent être conduites de manière à rejoindre sur le marché les premières carottes de pleine terre semées en septembre et en octobre, arrêtées par l'hiver dans leur croissance, et bonnes à récolter à la fin d'avril.

IV. Culture forcée des plantes potagères à fruit comestible.

La culture forcée ne s'applique qu'à deux de ces plantes, le *melon* et le *fraisier*. On a vu que les autres plantes de cette série, pour donner en temps utile leurs produits à l'air libre, sont soumises à un commencement de culture forcée ; elles n'ont pas assez de valeur, à Paris du moins, pour qu'on les force complétement, comme on le fait sur une grande échelle en Angleterre à l'égard du concombre.

1° *Melons de primeur.* Le melon est un si bon fruit, que les consommateurs aisés ne craignent pas, pour en jouir de bonne heure, de le payer à un prix qui rend sa culture forcée très-lucrative. Dans quelques années, l'Algérie et le midi de la France nous fourniront en toute saison les excellents melons à écorce lisse que ces contrées peuvent produire en quantités illimitées, et qui sont également faciles à conserver et à transporter. Alors, la culture forcée du melon cessera d'être profitable sous le climat de Paris ; ce moment facile à prévoir n'étant pas encore venu, nous décrirons sommairement ce genre de culture, dont l'importance doit inévitablement décroître de jour en jour. On sème sur couche chaude les melons d'espèces précoces *noir des Carmes* ou *petit Prescot*, dès le milieu de janvier. Il ne faut pas oublier que, de toutes les plantes potagères de la famille des cucurbitacées, le melon est celle qui souffre le plus du moindre trouble apporté dans les fonctions de ses racines. C'est pourquoi, au lieu de semer à même la couche dans le mélange de terre et de terreau qui la recouvre, on sème dans des pots remplis du même mélange, afin de pouvoir transplanter le plant en motte après l'avoir dépoté très-soigneusement. Ce plant est très sujet à fondre faute d'air et de soleil ; il importe donc de découvrir les châssis dès que le soleil se montre en hiver, et de donner de l'air en soulevant les châssis, chaque fois qu'une température trop froide n'y met point obstacle. Une fois les jeunes melons mis en place sur de nouvelles couches chaudes, à la distance de 1^m à 1^m,30 les uns des autres, selon la vigueur de chaque espèce, il n'y a qu'à entretenir par des réchauds la chaleur de la couche, et à donner de l'air de plus en plus, jusqu'à ce que la température extérieure permette de les découvrir pendant la plus grande partie de la journée. Pour la taille, le pincement, les arrosages et les autres soins de culture, les melons forcés se gouvernent comme nous l'avons indiqué pour les melons à demi forcés.

On sème sur couche chaude, avec les mêmes précautions, une seconde saison de melons forcés dans les premiers jours de mars. Le plant fourni par ces semis est mis en place sous cloche au mois d'avril sur des couches tièdes ; il y achève sa croissance en partie à l'air libre, et donne ses produits quand ceux des melons de grande primeur sont épuisés.

2° *Fraisiers forcés.* La fraise, moins transportable de sa nature que le melon, n'est pas menacée, comme ce dernier, de voir sa culture forcée ruinée par les envois de primeurs du midi ; elle conserve tout son avenir comme culture profitable pour le jardinier de profession, et tout son attrait pour le jardinier amateur.

Le plant qu'on se propose de forcer est traité différemment selon la race des fraisiers à laquelle il appartient. S'il est d'une race remontante, les rejetons nés des coulants qui poussent naturellement des racines à chaque nœud, ou détachés des vieilles touffes quand on force un fraisier remontant sans filets, sont plantés en juillet dans une bonne terre de jardin très-substantielle, à raison de trois ou quatre dans un pot. Ce jeune plant, livré à lui-même, ne manquerait pas d'émettre immédiatement des tiges à fruit; à mesure que ces tiges se montrent, on les supprime, et l'on tient les pots dehors dans une situation ombragée, jusqu'à ce que le moment soit venu de commencer à soumettre les fraisiers à la culture forcée.

Si l'on veut forcer des fraisiers à gros fruit de race anglaise, on plante également en juillet du jeune plant de coulants, à raison de deux ou trois pieds dans un pot; il n'y a aucun retranchement à leur faire subir jusqu'au moment de les forcer. Des châssis chauffés à l'intérieur par le thermosiphon sont disposés pour cette culture. Les pots de fraisiers y sont placés tout près les uns des autres. Ils ne tardent pas à y fleurir sous l'influence d'une température de 10 à 12 degrés la nuit et de 12 à 15 degrés le jour, portée à 20 et 25 degrés quand le fruit approche de sa maturité. Les fraisiers forcés veulent être fréquemment arrosés; un peu d'engrais liquide donné de temps en temps active leur végétation, sans nuire à la qualité du fruit.

Lorsqu'on dispose d'une serre chaude pour la culture forcée de la vigne ou pour celle des ananas, on peut, sans déranger ces cultures, poser sur le mur du fond de la serre, à un seul versant, une ou deux rangées de planches, sur lesquelles on dispose des lignes de fraisiers en pots préparés comme il vient d'être dit; ils profitent de la chaleur de la serre, et donnent leur fruit à la même époque que les fraisiers forcés sous châssis à l'aide du thermosiphon.

V. Culture du champignon comestible.

Nous croyons indispensable de joindre à ce chapitre la culture du champignon comestible, ne fût-ce que pour engager les personnes qui habitent la campagne à s'abstenir d'une manière absolue de consommer les champignons sauvages, même ceux qui passent pour n'être pas malfaisants : tant il est facile de s'empoisonner avec de mauvais champignons qui ressemblent à s'y méprendre à ceux qui peuvent être mangés sans danger !

Bien des gens essayent de produire artificiellement des champignons comestibles ; bien peu y réussissent en dehors des *champignonnistes* de profession ; car le terme est usité pour désigner ceux qui s'occupent principalement ou exclusivement de la culture du champignon. C'est que, s'il est facile de donner les règles de cette culture tout exceptionnelle, il ne l'est pas de s'y conformer. Il faut d'abord se procurer de bon fumier de cheval ; celui des animaux nourris au vert, ou qui reçoivent, avec du fourrage sec et de l'avoine, une ration de fourrage frais et de carottes, ne vaut rien pour la construction des couches à champignons. Le fumier des ânes et des mulets, quel que soit leur régime alimentaire, est excellent ; mais il est toujours difficile de s'en procurer en quantité considérable.

Le fumier de qualité convenable, amené sur le terrain, reçoit une première façon à la fourche pour en séparer la partie formée de pailles entières, qui n'a encore subi aucune décomposition ; il est ensuite mis en tas, comprimé très-également, mouillé s'il est trop sec, et laissé en cet état jusqu'à ce qu'il ait *pris le blanc*, c'est-à-dire jusqu'à ce que des filaments constituant une sorte de moisissure blanchâtre s'y montrent de toutes parts. Les tas sont alors démolis, mouillés, reconstruits avec le même soin, et définitivement le fumier, très-diminué de volume, a dû devenir gras, onctueux, doux au toucher sans être humide ; s'il n'a pas subi cette transformation, l'opération est manquée ; tout est à recommencer ; la dépense en achat de fumier et en main-d'œuvre est perdue. Lorsqu'on a réussi, on dresse dans une cave, dans un cellier ou dans un souterrain bien aéré, exempt d'humidité, mais aussi parfaitement obscur que possible, des couches à champignons avec le fumier ainsi préparé. Ces couches, d'une longueur indéterminée, ont 1 mètre de large à

la base, 0^m,70 au sommet, les côtés par conséquent inclinés, et la partie supérieure en dos d'âne. Au bout de quelques jours de repos, pendant lesquels on laisse la couche
dissiper sa plus grande chaleur, *jeter son feu*, comme disent
les gens du métier, on s'occupe de la *larder*, opération qui
consiste à insérer dans son intérieur des plaques d'une substance qu'on nomme *blanc de champignon*, provenant de la
démolition des vieilles couches à champignons complétement épuisées. Quelques jours après, la couche est pénétrée
par *le blanc*; on dit dans ce cas que le blanc *a pris*; il ne
reste plus, pour terminer l'opération, qu'à *gobter* la couche,
c'est-à-dire à lui donner un revêtement d'un ou deux centimètres d'épaisseur de terre sèche tamisée, qu'on attache à
la couche en la mouillant légèrement au moyen d'un arrosoir muni d'une gerbe à trous très-fins.

Après tous ces travaux, la couche donne des champignons
s'il lui plaît, et cela ne lui plaît pas toujours. Quand elle se
comporte bien, elle se couvre de champignons pendant un
espace de temps qui dure de trois à cinq mois; mais, à moins
d'être champignonniste de profession, on ne réussit pas toujours, loin de là.

Les Anglais font naître en petites quantités des champignons comestibles par un procédé moins compliqué, qui réussit assez souvent. On réunit une assez grande provision
de crottin de cheval, d'âne ou de mulet, sans mélange de
litière, puis on divise les crottins pour en former une masse
homogène qu'on humecte légèrement et dont on forme des
couches de 0^m,25 d'épaisseur, fortement tassées. On y met le
blanc de champignon, et, sans autre cérémonie, on attend
qu'il y naisse des champignons; il en vient en effet assez
souvent. Ces couches doivent être placées dans un lieu obscur, où règne une température assez élevée.

VI. Culture de l'ananas.

Quand les compagnons de Christophe Colomb trouvèrent
l'ananas aux îles Lucayes ou de Bahama, ils le déclarèrent
le meilleur fruit de la création; il n'a pas cessé de mériter

ce titre. Il est fâcheux que sa culture, encore plus exceptionnelle que celle du champignon, soit entourée en Europe d'une
foule de difficultés qui font que ce roi des fruits n'est, sous les
climats froids et tempérés, à l'usage que d'un très-petit nombre de consommateurs. Nous en esquisserons la culture, en
prévenant le jardinier amateur disposé à l'entreprendre que,
s'il veut se donner quelques chances de succès, il doit s'ar-
ranger pour pouvoir suivre et étudier chez un horticulteur
de profession les procédés et la manière d'opérer; après quoi,
s'il dispose d'assez de temps et d'argent, il pourra espérer de
faire venir à bien quelques beaux ananas; c'est une culture
qui dure de vingt à vingt-quatre mois, comprenant six mois
d'une première année, la seconde tout entière, et cinq ou
six mois de la troisième : elle s'étend par conséquent sur trois
longues années.

Dans les grands établissements d'horticulture où l'ananas
est cultivé en très-grand nombre, toute sa culture est conduite au moyen du thermosiphon, dans des bâches ou des
châssis pendant les deux premières années, et dans une
serre spéciale pendant la troisième, qui est celle de la fructification. Partout ailleurs, l'ananas commence à végéter sur
couche chaude et finit sa croissance dans la serre.

On emploie indifféremment comme plant pour la multiplication, soit les *couronnes* ou bouquets de feuilles qui surmon-
tent le fruit, soit les *œilletons* qui naissent la troisième année au bas de la tige qui porte fruit. Les couronnes et les œilletons, traités comme des boutures, s'enracinent avec une
égale facilité; il ne faut pas les mettre en terre au moment
même où on les détache de la plante, le contact de la terre
humide les ferait le plus souvent pourrir; la plaie doit être
cicatrisée par un jour ou deux d'exposition à l'air libre, avant
que l'œilleton ou la couronne soit bouturé; le succès est alors
infaillible.

L'ananas, pendant tout le temps de sa croissance, veut être
soumis à une température qui ne descende jamais au-dessous
de 24 degrés, et dont la moyenne soit maintenue à 30 degrés environ. Les jeunes plantes, la première année, font
peu de progrès apparents; mais elles forment de fortes raci-

nes qui assurent leur avenir; il faut les préserver avec soin des ravages des insectes par des fumigations de tabac et des lavages avec une infusion de tabac, ce qui exige certaines précautions pour ne pas se couper les doigts aux bords tranchants des feuilles. La seconde année, les ananas, élevés jusque-là dans des pots, peuvent être rempotés dans des pots plus grands, ou, ce qui vaut mieux, plantés comme en pleine terre dans le sol même de la couche, auquel on donne dans ce but une épaisseur de 0^m,30 à 0^m,40. Dans ce cas les pieds d'ananas, quoique peu volumineux, doivent être espacés entre eux sur la couche de 0^m,70 en tout sens, car ils ne tarderont pas à prendre un développement considérable. Vers la fin de l'année, les tiges à fruit commenceront à se montrer; les plantes seront alors en *roseaux*, comme disent les jardiniers, et il sera temps de les transporter dans la serre où devra s'achever leur culture pour amener à bien leur fructification.

Cette transplantation n'est pas chose facile, en raison du volume énorme qu'ont pris les racines. Les praticiens exercés tranchent la difficulté en supprimant toutes les racines : ils laissent la plaie se cicatriser un jour ou deux en posant les ananas horizontalement sur une planche; puis ils les placent, soit dans de grands pots, soit dans la bâche de la serre en pleine terre, où ils ne tardent pas à s'enraciner.

La tige simple de l'ananas, surmontée d'un bouquet de feuilles comme celle de la fritillaire couronne impériale, porte au-dessous de cette couronne des fleurs bleuâtres auxquelles succède un fruit formé de tous les ovaires de ces fleurs soudés les uns aux autres : ce fruit est l'ananas proprement dit. Pour l'amener à maturité, la température de la serre doit être maintenue entre 30 et 40 degrés, et les arrosages doivent être donnés avec une abondance proportionnée à l'évaporation produite par une si haute température. On remplirait un volume des soins minutieux qui assurent le succès de cette culture; nous le répétons, pour pouvoir espérer d'y réussir, il faut l'étudier à fond et la voir pratiquer. Les espèces d'ananas cultivées sont, au moment où nous écrivons, au nombre de 56, et chaque année les habiles horticulteurs de France et d'Angleterre qui s'occupent spécialement de l'ananas en obtiennent de nouvelles variétés. Les ananas de la *Martinique* ou *ananas commun*, de *Cayenne*, de la *Providence* et d'*Euville*, sont les plus répandus dans les cultures d'Europe. L'ananas d'Euville est le plus précoce de tous; il est par ce motif préféré par les jardiniers amateurs, qui trouvent qu'attendre trois ans pour récolter même le meilleur fruit du monde, c'est un peu long.

CHAPITRE VI.

LE JARDIN FRUITIER.

I. Création d'un jardin fruitier. — Sol. — Exposition.

De tous les produits du jardinage, il n'en est pas de plus agréable que les fruits. L'homme les consomme avec d'autant plus de satisfaction qu'il peut légitimement les regarder comme étant en grande partie son ouvrage. Dans la production des fruits des arbres sauvages, la nature semble avoir uniquement égard à la grande loi de la perpétuité des races végétales ; un fruit sauvage est précisément ce qu'il doit être pour nourrir sa graine et servir de premier aliment en qualité d'engrais au jeune arbre qui doit naître de la semence tombée et germée sur le sol au milieu des débris du fruit tombé lui-même en pourriture : telle est la destination naturelle du fruit.

L'homme, en modifiant par la culture les conditions de végétation des arbres fruitiers, a su donner à leurs produits des propriétés alimentaires qu'ils n'ont pas à l'état sauvage : de là la nécessité de continuer à ces arbres précieux des soins intelligents ; car il en est des fruits des arbres comme de ceux de l'intelligence : l'homme doit les mériter par la culture.

Les arbres fruitiers d'Europe se divisent naturellement en deux grandes séries : la première et la plus importante comprend les *arbres à fruits à pepins* ; ce sont les plus précieux au point de vue économique, en raison de l'abondance et de la facile conservation de leurs fruits ; la seconde comprend les *arbres à fruits à noyau* ; aucun de ces fruits ne se conserve dans son état naturel, mais ils doivent être consommés au moment même où ils atteignent leur maturité.

Les deux séries d'arbres fruitiers ont des tempéraments entièrement différents. Ceux de la première série, parmi lesquels le premier rang appartient au poirier et au pommier, se plaisent dans des terres fertiles sans être trop calcaires ; ils ne redoutent ni un sol très-léger, pourvu qu'il ne manque pas de principes nutritifs, ni un sol un peu fort et compacte, pourvu que le sous-sol ne retienne pas l'humidité ; ils s'accommodent d'une bien plus grande variété de terrains de nature différente que les arbres de la seconde série.

Les arbres à fruits à noyau ont tous un caractère commun ; leur séve est gommeuse, et ils sont plus ou moins sujets à laisser exsuder la gomme par les gerçures de leur écorce. Le pêcher tient le premier rang parmi les arbres de cette série ; tous ne peuvent prospérer que dans un sol très-riche en principes calcaires, particulièrement en sulfate de chaux (gypse). La juste renommée des pêches du village de Montreuil-aux-Pêches, près de Paris, tient en grande partie à la forte dose de sulfate de chaux que contient le sol du territoire de cette commune, où s'exploitent de nombreuses carrières de pierre à plâtre.

Cette première indication peut déjà éclairer le propriétaire sur la nature des arbres fruitiers dont il doit garnir son jardin avec l'espoir d'en obtenir une belle végétation et des récoltes de fruits également abondantes et régulières. Dans un sol où manque l'élément calcaire, et qu'il n'est pas possible d'amender avec une forte dose de chaux sans des frais excessifs, il faut planter de préférence des poiriers et des pommiers. Si le sol destiné au jardin fruitier est de qualité moyenne, contenant les proportions de sable, d'argile et de chaux qui constituent une bonne terre à froment, il peut recevoir, avec d'égales chances de succès, des arbres fruitiers des deux séries ; si l'élément calcaire y domine, il faut y planter de préférence des arbres à fruits à noyau.

Toutes les expositions peuvent convenir à un jardin fruitier ; il ne s'agit que de savoir choisir les espèces et de ne pas demander à la terre ce qu'elle ne peut donner dans des conditions déterminées. En général, dans un jardin exposé au nord, au nord-est ou au nord-ouest, il faut planter des arbres à fruits tardifs, et plus d'arbres fruitiers de la première que de la seconde série ; une pente légèrement inclinée au sud, au sud-est ou au sud-ouest, est la plus favorable pour l'ensemble des arbres fruitiers sous le climat de Paris.

Il est d'ailleurs assez rare qu'un propriétaire amateur ou jardinier de profession, sauf dans quelques localités exceptionnelles, consacre exclusivement aux arbres fruitiers un terrain d'une étendue considérable ; le plus souvent il plante dans les plates-bandes qui encadrent les carrés de son potager des arbres fruitiers en pyramides ou en plein vent, dans l'intérieur des carrés des pommiers nains, et le long des murs des arbres en espaliers. Dans tous les cas, le sol doit être défoncé, amendé et préparé comme pour la création d'un potager.

II. Choix des arbres en pépinière.

Lorsqu'il se propose d'effectuer une plantation d'arbres fruitiers de quelque importance, le propriétaire ne doit s'en rapporter qu'à lui-même du soin de les choisir dans la pépinière, en ayant égard à certaines données qui méritent toute son attention.

En entrant dans une pépinière avec le dessein d'y choisir des arbres fruitiers, on doit d'abord en examiner le sol. Il est facile de reconnaître s'il est par lui-même d'une fertilité extraordinaire, et si la végétation des jeunes arbres a été surexcitée par une dose exagérée d'engrais solides ou liquides. Dans ce cas, il est possible que déjà ils soient atteints du chancre à leurs racines, ou prédisposés à contracter cette maladie ; bien qu'ils offrent une apparence très-vigoureuse, ils n'ont pas d'avenir. En supposant que le sol de la pépinière soit seulement ce qu'il doit être, et qu'il n'y ait rien d'artificiel dans la belle végétation des arbres, il faut considérer leur forme et leur tenue, et rejeter ceux qui, surchargés de fortes branches à leur sommet, seraient dégarnis par le bas. Il en est de même de ceux qui, à l'époque de la chute des feuilles, perdent d'abord celles des branches supérieures, signe certain que leurs racines ne sont pas dans leur état normal. On doit aussi se méfier des arbres très-jeunes qu'on voit dans la pépinière déjà chargés de fruits ou de boutons à fruit, avec peu de rameaux et d'yeux à bois. Les pépiniéristes savent très-bien que les arbres ainsi atteints d'une fertilité trop précoce ne valent rien ; mais tant d'acheteurs qui ne s'y connaissent pas préfèrent ces arbres à d'autres meilleurs, pensant avoir du fruit immédiatement, que le marchand, préoccupé principalement des intérêts de son commerce, ne se fait pas toujours scrupule de vendre ces arbres défectueux plus cher que les bons.

Un bon arbre fruitier en pépinière n'a que des branches à bois, régulièrement réparties, aussi vigoureuses dans le bas que dans le haut ; quelle que soit sa forme, il ne doit avoir été greffé *qu'une fois*. Assez souvent, le pépiniériste regreffe une seconde et même une troisième fois un sujet qui n'a pas retenu sa première greffe. C'est de la part du sujet l'indice d'un mauvais tempérament ; les pépiniéristes scrupuleux et jaloux de leur réputation ne vendent pas d'arbres semblables.

L'*orientation* des arbres est un point fort important, surtout si ceux qu'on achète en pépinière doivent être plantés dans une position découverte. Afin de pouvoir les mettre en place avec la même orientation que celle sous laquelle ils ont commencé leur croissance, on marque sur leur écorce avec de la couleur à l'huile le côté exposé au nord. Il est bon de choisir les arbres fruitiers vers la fin d'octobre, et de les marquer pour les enlever seulement au moment où ils peuvent être plantés, afin qu'il y ait entre l'arrachage et la plantation le moins d'intervalle possible. Dans ce but, à égalité de qualité dans les jeunes arbres, on préférera la pépinière la moins éloignée du lieu où ils devront être mis en place. L'arrachage, l'emballage et le transport seront l'objet d'une surveillance particulière, afin que les racines ne soient pas mutilées et que les arbres n'éprouvent pas des frottements ou des contusions qui donneraient lieu plus tard à des plaies dangereuses. On évitera aussi de faire voyager les arbres par un temps de forte gelée, lorsque règnent des vents secs et glacés qui peuvent, sans les tuer, leur porter un grave préjudice en desséchant à fond leurs racines.

En se conformant à ces indications, le propriétaire aura rempli les conditions principales du succès de son opération; il n'aura plus à s'occuper que de bien planter ses arbres à fruits. Le proverbe du laboureur dit avec raison : *Blé bien semé est à demi récolté;* le jardinier peut dire dans le même sens : *Arbre bien planté est à demi élevé.*

III. Plantation des arbres fruitiers.

Avant de planter un arbre fruitier, il faut se rendre un compte exact de la nature du sol où il doit vivre, et se le représenter tel qu'il sera quand il aura pris tout le développement propre à son espèce. Ces deux considérations détermineront les distances ainsi que les dimensions des trous. Lorsqu'on plante un grand verger dont le sol, d'une bonne nature, peut admettre les deux séries d'arbres fruitiers, on place à 8 ou 10 mètres les uns des autres des poiriers et des pommiers à haute tige, destinés à vivre très-longtemps et à devenir de très-grands arbres; dans les intervalles, on plante des cerisiers et des pruniers qui vivent moins longtemps, produisent plus jeunes et restent de taille médiocre. Au bout de vingt ou vingt-cinq ans, les poiriers et les pommiers étant devenus assez forts pour gêner les cerisiers et les pruniers et en être gênés, on arrache ces derniers pour faire place aux autres, qui sont alors dans toute la force de leur jeunesse et de leur fertilité.

De même, dans un jardin fruitier ou dans les plates-bandes d'un potager, on peut faire alterner au moment de la plantation les cerisiers et les pruniers avec les poiriers et les pommiers, dans la prévision de l'accroissement que les premiers doivent prendre, et avec l'intention de sacrifier les derniers à un certain âge. Parmi les cerisiers, on choisit pour ce genre de plantation les espèces à branches redressées, à gros bois et à fruit doux, comme sont les cerisiers anglais *May-Duke* et *Cherry-Duke,* et le meilleur de tous les cerisiers connus, le cerisier *Reine-Hortense.* Par leur forme ramassée et leur bonne tenue, ils gênent moins les poiriers et les pommiers que ne pourraient le faire les cerisiers dont les branches s'écartent naturellement dans tous les sens, comme le *gros gobet courte queue*, et le cerisier de *Montmorency*.

Lorsqu'une plantation est décidée, il est bon d'ouvrir quelques mois d'avance les trous destinés à recevoir les racines des arbres fruitiers; cette précaution est surtout nécessaire dans un terrain neuf qu'il s'agit de convertir en jardin; elle l'est moins dans un jardin créé depuis longtemps et dont le sol a été amené par un bon système de culture à un degré élevé de fertilité. L'étendue et la profondeur à donner aux trous varient selon la nature du sol; mais, en général, il vaut mieux pour la fertilité des arbres fruitiers que leurs racines, au lieu de plonger dans le sous-sol à une grande profondeur, s'étendent horizontalement dans la couche supérieure, à peu de distance de la surface. Les trous doivent donc avoir beaucoup de surface et une profondeur médiocre.

En Angleterre, on suit pour la plantation des arbres en espalier une méthode en usage seulement depuis quelques années, et qui donne de très-bons résultats, spécialement pour le pêcher; voici en quoi elle consiste : après avoir creusé le trou au pied du mur, un peu plus grand qu'il ne doit être, sans dépasser la profondeur de $0^m,70$ à $0^m,80$, on convertit ce trou en une véritable caisse en maçonnerie grossière établie sur le fond et sur les côtés assez solidement pour que les racines de l'arbre ne puissent la franchir. Les Anglais nomment les fosses ainsi maçonnées, des *plates-formes*. On les remplit d'une terre appropriée le mieux possible aux exigences de la végétation de l'arbre qui doit y être planté; il n'y prend jamais de fortes dimensions, ne forme pas de branches gourmandes et ne devient pas très-vigoureux; mais il donne des produits réguliers, continus, et se montre, tant qu'il subsiste, plus facile à gouverner que ceux de la même espèce dont les racines peuvent s'étendre en liberté dans toutes les directions. Le *système des plates-formes*, comme disent les horticulteurs anglais, offre surtout de grands avantages dans les jardins où le sol peut sembler épuisé par une longue production des mêmes arbres ; il convient également pour garnir d'arbres fruitiers les murs peu élevés, où des arbres d'une excessive vigueur pourraient être plus ou moins embarrassants à bien conduire.

Lorsqu'on met en place les arbres à fruits, soit dans les plates-bandes, soit au pied du mur qu'ils doivent couvrir, pour peu que le sous-sol soit de nature à retenir l'humidité, il est très-utile de les planter au niveau du sol et de former sur leurs racines une butte de terre de deux ou trois décimètres d'élévation, inclinée de tous côtés. Dans d'autres circonstances, il peut être au contraire avantageux d'enterrer l'arbre en le plantant, de manière à couvrir la greffe ; dans ce cas, la greffe ne tarde pas à se former, comme une véritable bouture, des racines qui lui sont propres, indépendamment de celles du sujet ; on dit alors que la greffe *s'est affranchie* ; l'arbre en effet se trouve au bout d'un certain temps comme un arbre *franc de pied*, qui n'aurait jamais été greffé. C'est à celui qui préside à une plantation d'arbres fruitiers à bien se rendre compte de toutes les circonstances sous l'empire desquelles il opère, et à prendre ses mesures en conséquence. Afin de se pénétrer de la nécessité d'agir avec maturité et réflexion, il doit se rappeler que la plupart des arbres à fruits vivent plus longtemps que celui qui les plante.

IV. Soins de culture.

Il peut arriver et il arrive en effet assez souvent que des arbres judicieusement choisis dans la pépinière, plantés dans les meilleures conditions, gouvernés ensuite quant à la taille et à la conduite comme nous l'exposerons dans le chapitre suivant, ne donnent point ou presque point de fruits, ou n'en donnent que de qualité inférieure ; c'est que les soins de culture dont ils ont besoin pour prospérer et fructifier leur ont fait défaut. Ces soins comprennent quatre objets principaux : les *façons à donner au sol au pied des arbres*, les *distributions d'engrais*, les *arrosages et seringages* et le *nettoyage de l'écorce des arbres*. Chacune de ces opérations a son importance et veut être exécutée en temps opportun, selon des principes rationnels.

1° *Façons à donner au sol au pied des arbres.* Si, comme nous le recommandons, au moment de la plantation, les racines ont été disposées de manière à ne pas plonger trop avant dans le sol, mais à s'étendre parallèlement à sa surface, profitant ainsi complétement des influences salutaires de l'air et du soleil, on se gardera bien de labourer profondément à la bêche la terre destinée à nourrir ces mêmes racines, ce qui ne pourrait manquer de les endommager sérieusement et de porter par contre-coup à la végétation des arbres un grave préjudice. On se bornera à donner au sol des façons superficielles à la fourche ou à la binette, pour l'empêcher de se durcir. Dans les traités de jardinage les plus répandus, on agite la question de savoir si l'on peut, sans inconvénient, cultiver en légumes la plate-bande qui règne au pied d'un mur garni d'arbres en espalier, et dans laquelle vivent les racines de ces arbres. Quelques auteurs sont pour l'affirmative, d'autres pour la négative : nous partageons la conviction de ces derniers ; elle a pour elle la sanction de l'expérience. Il n'est pas de jardiniers en Europe qui l'emportent pour la culture perfectionnée des arbres fruitiers en espalier sur ceux de Montreuil-aux-Pêches. Les plates-bandes en avant de leurs espaliers ne sont jamais labourées ; rarement ils les cultivent d'une manière quelconque ; ils se bornent, la plupart du temps, à les biner pour en maintenir la surface propre et suffisamment ameublie ; quelques pois nains hâtifs, plante dont les racines ne peuvent rencontrer en terre celles des arbres fruitiers, y sont semés à de très-longs intervalles ; plusieurs des meilleurs jardiniers de Montreuil-aux-Pêches s'abstiennent même de cette culture, dans la crainte qu'elle ne dérobe aux racines des arbres en espalier quelque peu que ce soit de leur nourriture. Cet exemple mérite d'être suivi comme une règle qui n'admet point d'exception, même lorsqu'il s'agit de renouveler par une dose suffisante d'un engrais quelconque la fertilité du sol où vivent les racines des arbres fruitiers. Il est toujours facile de mêler cette fumure à la couche superficielle en lui donnant à la fourche une façon soignée, sans enfreindre la règle qui prescrit de s'abstenir d'une manière absolue de labourer cette terre à la bêche.

2° *Distribution des engrais.* Les racines des arbres fruitiers, comme celles de tous les végétaux cultivés, fatiguent plus ou moins le sol aux dépens duquel elles vivent et font vivre ces arbres ; la fertilité du sol a donc besoin d'être entretenue par des engrais : cela ne peut être contesté. Mais les arbres fruitiers, spécialement les arbres à fruits à noyau, ne supportent pas le fumier récent en fermentation. Ce genre d'engrais cause surtout au pêcher des maladies graves dont il a souvent beaucoup de peine à se remettre. La vigne n'en souffre pas au même degré ; mais la qualité de ses produits en est profondément altérée. Dans plusieurs de nos départements méridionaux, on donne pour tout engrais aux vignes leurs propres sarments grossièrement coupés et enfouis dans le sol à l'état frais ; on y ajoute parfois des semis de lupins également enfouis au moment de leur floraison, comme engrais végétal : c'est le seul qui favorise la production du raisin sans nuire à sa qualité. Cet exemple est bon à suivre partout où l'on cultive la vigne en espalier, car elle fournit plusieurs fois par an une masse considérable de substance végétale très-propre à lui tenir lieu d'engrais. On peut faire un usage analogue des rameaux à l'état herbacé qu'on retranche au pêcher par l'ébourgeonnement et le rapprochement en vert. Quant aux fumiers proprement dits, on ne doit les mettre en contact avec les racines des arbres fruitiers que quand leur décomposition est assez avancée pour qu'ils ne dégagent plus d'ammoniaque et qu'ils soient passés à peu près à l'état de terreau ; ces fumiers n'ont plus alors que les propriétés des engrais purement végétaux. Les arbres à fruits à pepins supportent mieux que les arbres à fruits à noyau le contact des engrais trop peu décomposés avec leurs racines; il est néanmoins toujours prudent de ne donner même aux arbres à fruits à pepins que des fumures d'engrais très-avancé en décomposition. Des gazons, de mauvaises herbes provenant des sarclages, des débris de légumes de toute espèce, stratifiés avec de la terre, sont un excellent engrais pour tous les arbres fruitiers.

3° *Arrosages et seringages.* Les arbres à fruits à pepins ont rarement besoin d'être irrigués sous le climat de Paris, à moins que la première année de leur plantation il ne survienne des sécheresses fortes et prolongées. Mais, pendant les chaleurs intenses et les longues sécheresses dont l'été est quelquefois accompagné, les arbres à fruits à noyau, le pêcher surtout, dont les racines délicates se trouvent souvent très-rapprochées de la surface du sol calcinée par les rayons solaires, ont souvent besoin qu'un arrosage copieux vienne les rafraîchir. On a soin d'enlever avec précaution autour du pied des arbres à irriguer une couche peu épaisse de terre, pour former une sorte de bassin très-peu profond, où l'eau des arrosages est versée matin et soir, tant que dure la sécheresse. Une couche épaisse de paille ou de litière conserve la fraîcheur due à l'irrigation. Bien que dans les grands jardins cette opération, qui n'est pas nécessaire tous les ans, soit assez dispendieuse par la main-d'œuvre qu'elle exige, c'est un sacrifice qu'il ne faut pas hésiter à subir plutôt que de perdre des arbres souvent précieux, difficiles à remplacer lorsqu'on les laisse tuer par le desséchement du sol.

En été, quand la prolongation de la sécheresse a privé longtemps le feuillage des arbres fruitiers en espalier d'une humidité nécessaire à la bonne santé des arbres, on doit, au moyen d'une petite pompe portative, les seringuer une ou deux fois par semaine ; il n'est pas de soin de culture qui puisse, à cette époque de l'année, les aider plus efficacement à retenir leur fruit, qui très-souvent tombe à demi formé, alors qu'avec les arrosages et les seringages donnés à propos il aurait pu tenir et parvenir sans peine à parfaite maturité.

4° *Nettoyage de l'écorce des arbres fruitiers.* Les arbres avancés en âge, ou ceux qui, jeunes encore, végètent sous l'influence d'un climat local sujet à des alternatives de grande sécheresse et d'humidité surabondante, se gercent à la surface du tronc et des principales branches ; leur écorce devient le domicile d'une foule d'insectes nuisibles, dont la multiplication est encore favorisée par les mousses et les lichens dont les arbres ne tardent pas à se couvrir ; la vigilance du jardinier doit prévenir ces causes d'altération. Chaque année, au printemps, avant leur rentrée en végétation, les arbres fruitiers en espalier doivent être *dépalissés*, visités attentivement et nettoyés sur leurs deux surfaces avec un soin rigoureux. Les arbres en plein vent et en pyramide ont besoin de temps en temps d'un bon lavage général au lait de chaux, tel que l'emploient les badigeonneurs. Ce lavage se donne à l'entrée de l'hiver, dont les intempéries font successivement disparaître la couche blanche des arbres soumis à cette opération ; l'action des pluies, des gelées et des dégels alternatifs et des tempêtes hivernales fait tomber, avec la chaux déposée sur l'écorce des arbres, les parties mortes de son écorce, avec les lichens, les mousses et les nids d'insectes dont elle était infestée. Grâce à ce nettoyage, les arbres, au printemps, reprennent une vigueur nouvelle, parce que rien ne s'oppose à la *transpiration par l'écorce*, fonction végétale très-utile à la santé des arbres fruitiers.

CHAPITRE VII.

TAILLE ET CONDUITE DES ARBRES FRUITIERS.

I. Principes généraux de la taille des arbres fruitiers.

Les arbres fruitiers, produit tout artificiel de l'industrie humaine, ne peuvent se maintenir en santé et conserver les qualités propres à leur espèce qu'au moyen de la *taille* et de la *conduite*, deux opérations qui ne peuvent être confondues l'une avec l'autre, bien qu'elles concourent l'une et l'autre au même résultat. La *taille*, son nom l'indique, est le retranchement des parties superflues au profit des parties utiles ; sans la taille, la plupart des arbres fruitiers se chargeraient d'un luxe inutile de bois dépourvu de productions fruitières ; ils se mettraient tard à fruit ou ne s'y mettraient pas du tout. La *conduite* a pour objet de donner aux arbres, au moyen de la *taille* et du *pincement* des bourgeons encore à l'état herbacé, une forme déterminée, régulière, appropriée aux vues du jardinier.

A aucune époque la taille et la conduite des arbres fruitiers n'ont été mieux comprises et mieux pratiquées que de nos jours ; ce qui était une sorte de secret transmis de génération en génération par un très-petit nombre de praticiens est devenu une connaissance vulgaire, une chose que tout le monde peut apprendre et pratiquer avec succès.

L'honneur de cette révolution complète dans une branche si importante de l'horticulture revient tout entier à M. le comte Lelieur, de Ville-sur-Arce, ancien intendant des jardins de la couronne sous Napoléon Ier et sous Louis XVIII. Rappelons en deux mots qu'après la dissolution de l'armée de Condé, où il servait comme officier, le comte Lelieur, privé de toute ressource, passa aux États-Unis, et gagna honorablement sa vie comme jardinier particulièrement adonné à la culture des arbres à fruits. Rappelé en France pour occuper le poste qui ne lui fut retiré que longtemps après la seconde restauration, il posa le premier, dans la *Pomone française*, les vrais principes de la taille des arbres fruitiers; c'est à lui qu'on doit cette règle passée aujourd'hui dans la pratique de tous les jardiniers de l'Europe : *Il faut tailler et conduire les arbres à fruits conformément à leur manière naturelle de végéter;* hors de ce principe, il n'y a qu'empirisme et routine; quiconque s'en écarte ne peut tailler et conduire des arbres à fruits : il ne peut que les mutiler.

L'application de ce principe diffère essentiellement pour les deux séries d'arbres fruitiers, en raison des différences radicales de leur mode de végétation, les productions fruitières étant beaucoup plus lentes à se former chez les arbres à fruits à pepins que chez ceux à fruits à noyau, les plus difficiles de tous à bien gouverner.

II. Taille et conduite du pêcher.

Comment se comporte un pêcher livré à lui-même, abandonné au cours naturel de sa végétation? C'est la première chose qu'il faut connaître avant de songer à le tailler.

On connaît sous le nom de *pêche de vigne* une pêche blanche, à peau très-chargée de duvet, d'une forme un peu allongée, d'une saveur en même temps âpre et acide. L'arbre qui produit cette pêche ne se cultive pas en espalier; on le plante, ou plutôt il naît accidentellement dans les vignes par le semis naturel des noyaux de ses fruits tombés, qu'on a négligé de ramasser. Cet arbre n'est jamais taillé; on l'abandonne complétement à lui-même, et voici de quelle manière il végète. A l'âge de quatre ou cinq ans, quelquefois plus tôt, ses branches, qui d'abord n'avaient porté que des yeux à bois, produisent un certain nombre de jeunes pousses annuelles, parmi lesquelles il s'en trouve qui donnent des fleurs suivies de quelques fruits. Les branches d'un an qui ont ainsi porté fruit une fois n'en donnent plus jamais, quelle que puisse être la durée de leur existence ; elles font naître seulement des bourgeons qui donneront eux-mêmes des fleurs, peut-être des fruits, mais une fois sans plus. On voit en outre que, la séve se portant naturellement vers le sommet de l'arbre, celui-ci est au bout de quelques années couronné d'un bouquet de rameaux plus ou moins productifs, tandis que ses branches sont devenues par le bas semblables à des manches de balai : telle est la marche invariable de la végétation du pêcher, jusqu'à ce qu'il meure d'accident ou d'épuisement. Plantez en espalier le long d'un mur un pêcher greffé n'importe de quelle espèce, il se comportera exactement comme le pêcher de vigne ; en peu d'années il atteindra le haut du mur, qu'il couvrira d'une végétation surabondante ; le bas de l'espalier sera nu et dégarni, toute la séve s'étant portée à la partie supérieure.

D'après ces données, quel doit être le but de la taille et de la conduite du pêcher ? Empêcher l'arbre en espalier de se dégarnir du bas, retenir la séve dans les rameaux inférieurs, forcer le pêcher à produire dans toutes ses parties de jeunes rameaux annuels sans cesse renouvelés, qui assurent au jardinier, pour prix de ses soins, une suite non interrompue de récoltes abondantes. La disposition naturelle à combattre dans le pêcher étant bien connue, ainsi que le résultat auquel on veut arriver en le soumettant à la taille, cette opération n'offre plus rien d'incertain, ni même de bien difficile ; le jardinier sait et voit clairement dans cette partie de ses travaux d'où il vient et où il va. Tous les ans, il taille les jeunes branches qui ont porté fruit, au-dessus d'un bon œil à bois de leur partie inférieure ; cet œil devient au printemps suivant un bourgeon destiné à porter fruit. Les branches qui portent ces bourgeons se nomment *coursons* ou *branches coursonnes* ; leur taille rationnelle est le point délicat de toute la taille annuelle du pêcher.

Nous voici maintenant en présence d'un jeune pêcher de deux ans de greffe, que nous supposerons pourvu de bonnes racines et planté au pied d'un mur, dans les meilleures conditions. On commence par le rabattre sur deux bons yeux, un de chaque côté, aussi exactement que possible, l'un vis-à-vis de l'autre. Ces yeux donnent chacun un bourgeon qui, dans le courant de l'année, devient un rameau plus ou moins vigoureux ; si le jardinier laissait aller ces rameaux sans les tailler, ils pousseraient exactement comme le pêcher de vigne. Mais, après avoir pris en considération toutes les circonstances qui peuvent influer sur sa détermination, le jardinier arrête dans sa pensée la forme sous laquelle il juge à propos de *conduire* le jeune arbre, et il le taille en conséquence. Avant de donner au pêcher sa première taille, M. Lelieur veut qu'on se le représente tel qu'il sera quand il aura pris toute sa croissance, et que la forme qu'il doit avoir soit dessinée sur le mur, afin que le jardinier n'ait plus qu'à s'y conformer rigoureusement, selon un plan tout tracé, au fur et à mesure du développement des branches du pêcher.

Suivons-le dans ce travail pour donner au pêcher l'une des formes les plus usitées, celle du V ouvert. On n'incline pas les bourgeons appelés à former les deux premières branches-mères du pêcher, tant qu'elles sont à l'état herbacé ; on se contente de les palisser dans leur position naturelle. Vers la fin de juillet, elles ont acquis assez de consistance pour qu'il soit possible de les écarter sans risquer de les rompre ; on les dispose alors le plus régulièrement possible, et la forme en V ouvert est commencée. Dès cette première année, le jardinier a dû se préoccuper d'un soin qu'il devra continuer à prendre assidûment pendant toute la croissance de l'arbre ; il a dû veiller à maintenir entre les deux côtés de l'arbre le plus parfait équilibre de végétation. Si l'une des deux branches tend à l'emporter sur l'autre, il arrête la plus forte en pinçant son extrémité, et il la tient fixée sur le treillage de l'espalier ; la plus faible est dépalissée et attirée en avant du mur, ce qui ne tarde pas à rétablir l'égalité entre elles. Le pincement et le palissage ou le dépalissage des branches permettront au jardinier de forcer la séve à se répartir également entre toutes les parties de l'arbre, pendant toute la durée de sa croissance.

Le voici parvenu à sa seconde année. Au printemps, les deux branches-mères sont taillées à une longueur qui varie selon la vigueur de l'arbre, l'espèce à laquelle il appartient et l'espace qu'il est appelé à couvrir. La taille fait développer sur chacune d'elles deux bourgeons qui deviennent les membres inférieurs du pêcher. On les palisse en les écartant de plus en plus, le milieu de l'arbre restant complétement vide. Si on y laissait se développer prématurément des branches droites, ou seulement trop rapprochées de la verticale, ces branches attireraient à elles la séve avec tant d'énergie, qu'il deviendrait impossible de former la charpente inférieure de l'arbre; les branches du bas se dégarniraient et finiraient par périr. La troisième année, la taille plus ou moins longue des quatre branches établies l'année précédente donne lieu à une nouvelle bifurcation; l'arbre est alors tout formé : il n'y a qu'à le laisser grandir en taillant, comme on l'a exposé ci-dessus, les *branches coursonnes* développées tout le long de chacune des branches principales et de leurs ramifications. Chez un jeune arbre bien conduit, les coursons se trouvent distribués avec tant de régularité, que les bourgeons annuels ou branches à fruit proprement dites, lorsqu'elles sont palissées, représentent une *arête de poisson;* c'est en effet le nom que les jardiniers de Montreuil donnent à ce genre de palissage.

Le pêcher, dans toute sa vigueur, émet toujours sur ses rameaux d'un ou de deux ans des bourgeons inutiles à la conduite, quelle que soit la forme adoptée; il vaut mieux supprimer ces bourgeons alors qu'ils sont à l'état d'yeux à bois à peine ouverts, que d'avoir plus tard à les tailler lorsqu'ils auront absorbé en pure perte une partie de la séve. Ce retranchement des yeux inutiles peu développés constitue l'*ébourgeonnement*.

En pratiquant judicieusement, selon les principes qui viennent d'être énoncés, la *taille*, le *pincement* et l'*ébourgeonnement*, le jardinier intelligent peut conduire ses pêchers sous toute espèce de forme, et les maintenir pendant de longues années vigoureux et productifs.

III.   Formes diverses du pêcher en espalier.

En décrivant la forme en V ouvert, nous avons exposé les principes d'après lesquels doit être conduit le pêcher en espalier sous ses diverses formes. Les plus usitées sont, outre la forme en V ouvert, les formes *carrée*, à la *Dumoustier*, en *palmette double* et en *palmette simple*, droite ou inclinée.

La *forme carrée* ne diffère de la forme en V ouvert, par laquelle on la commence, que parce que l'intérieur du V est promptement rempli de branches productives chez le pêcher carré, tandis que, chez le pêcher en V ouvert, il reste long-temps entre les deux parties de l'arbre un vide considérable sur l'espalier. Les jardiniers de profession adoptent volontiers par ce motif la forme carrée pour leurs pêchers, malgré les inconvénients qui résultent de la position trop redressée des branches intérieures, parce que cette forme permet d'utiliser, pour la production des pêches, toute la surface de l'espalier.

La forme *à la Dumoustier*, de même que la forme carrée, se commence par le V ouvert; elle n'en diffère essentielle-ment que par le très-grand écartement donné aux branches-mères. Cette forme ne convient qu'aux pêchers des espèces les plus vigoureuses; elle permet de couvrir avec un seul arbre un très-grand espace et d'avoir avec le temps des pêchers immenses offrant un coup d'œil magnifique. Mais c'est un inconvénient plutôt qu'un avantage; car les espaliers sont exposés à rester nus sur de vastes surfaces, s'il arrive à l'un de ces arbres géants de perdre une de leurs branches-mères par accident ou par maladie.

La forme en *palmette double* se commence aussi comme la forme en V ouvert, par deux bourgeons en regard l'un de l'autre; mais, au lieu de les écarter pour former le V, on les laisse monter droits et parallèles, et on provoque par la taille de chaque année la formation de cordons ho-rizontaux en nombre égal de chaque côté, sur lesquels sont distribuées les branches coursonnes. Le même système est appliqué à la *palmette simple*, formée d'un tronc droit et de cordons horizontaux ; seulement la première taille, au lieu de provoquer le développement de deux bourgeons, n'en a laissé subsister qu'un, devenu la tige de la palmette simple.

Dans le midi de la France, où la culture du pêcher est traitée fort en grand comme arbre de plein vent à haute tige, le pêcher n'est jamais taillé, si ce n'est pour le débarrasser du bois mort ; il pousse du reste à sa fantaisie. Sous le climat de Paris, le pêcher ne donne de bons fruits qu'en espalier ; l'on ne peut obtenir des arbres en plein vent que des *pêches de vigne* qui n'ont aucune valeur. Il n'y a d'exception à faire qu'à l'égard du *pêcher d'Égypte*, variété encore peu répandue dans les jardins du centre et du nord de la France ; on en obtient en plein vent et en pyramide des fruits comparables à quelques-unes des pêches communes récoltées sur des arbres en espalier.

IV. Taille et conduite de la vigne en espalier.

Quoiqu'il y ait peu d'analogie entre le fruit de la vigne et celui du pêcher, il y en a une des plus frappantes entre leurs modes de végétation. Comme le pêcher, la vigne livrée à elle-même porte toute sa séve vers le sommet de ses rameaux, désignés sous le nom de *sarments ;* comme les rameaux du pêcher, les sarments de la vigne ne portent fruit qu'une seule fois, et il faut, pour assurer la continuité de la production du raisin, ménager par la taille des bourgeons productifs. Le principe qui préside à la taille de la vigne est donc exactement le même que celui qui préside à la taille du pêcher ; le jardinier qui comprend et pratique avec discernement la taille du pêcher réussira de même dans la taille de la vigne, et réciproquement.

L'œil de la vigne nommé *bourre* en raison d'une sorte de duvet d'un brun roux dont il est recouvert renferme à la fois le raisin et le sarment qui doit le porter. Dans une jeune vigne récemment plantée, la bourre ne donne que du bois ; ses premiers sarments ne portent pas de fruits. Sous quelque forme qu'on la conduise, il ne faut pas, pendant les deux ou trois premières années, vouloir qu'elle prenne un trop rapide accroissement ; dès que ses sarments commencent à donner du raisin, il ne faut pas non plus lui en laisser une trop grande quantité, ce qui compromettrait son avenir : une taille courte, qui ne lui permet de s'allonger que modérément chaque année, assure la durée d'une jeune vigne et permet, une fois qu'elle s'est mise à fruit, d'en obtenir des récoltes régulières pendant un temps indéterminé ; car la vigne bien gouvernée peut vivre des siècles.

La forme la plus usitée et la plus avantageuse pour la conduite de la vigne est celle de cordons horizontaux d'égale longueur des deux côtés de la tige principale. Pour les établir, après avoir fait arriver peu à peu le cep de vigne à la hauteur voulue, on le taille sur deux yeux, dont chacun donne naissance à un sarment qui devient l'origine d'un cordon. A la taille, on laisse à ce cordon un nombre d'yeux proportionné à sa vigueur, et on continue à le prolonger chaque année jusqu'à ce que les cordons aient atteint la longueur à laquelle ils doivent être arrêtés. Dans cet intervalle, les bourres ménagées le long des cordons, à des intervalles aussi égaux que possible, ont produit des sarments qui sont devenus des *coursons*, et qu'on taille tous les ans sur un ou

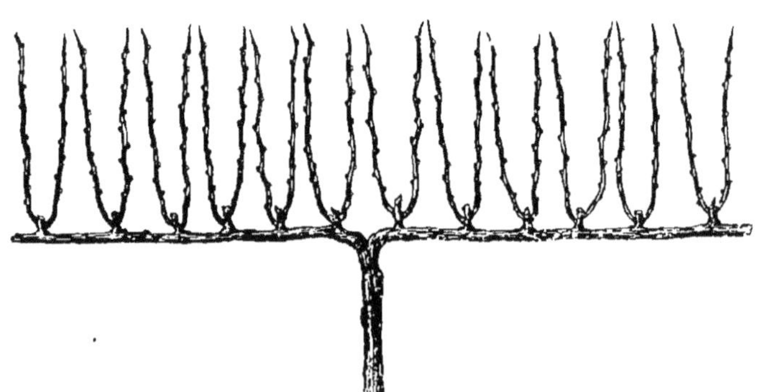

Vigne à la Thomcy.

deux yeux, afin d'en obtenir des sarments productifs. Au mois de juillet, quand le raisin est bien formé, la partie supérieure des sarments est retranchée à trois ou quatre nœuds au-dessus des grappes ; on concentre ainsi toute la séve sur celles-ci, et on la fait tourner au profit du raisin. Les sarments contenus par cette taille d'été et par le pincement ultérieur de leurs prolongements mûrissent parfaitement leur bois, ce qui profite également au raisin et aux bourres sur lesquelles le sarment devra être taillé.

Tels sont les principes très-simples qui règlent la taille et la conduite de la vigne en espalier sous forme de cordons horizontaux. Lorsqu'un espalier est consacré exclusivement à cette culture, on ajuste les cordons de vigne d'étage en étage, de sorte que pas un centimètre carré de la surface du mur n'est perdu pour la production du raisin. Le plus souvent, lorsque le mur garni d'arbres en espalier est suffisamment élevé, on fait courir au-dessus de ces arbres un cordon de vignes plantées de distance en distance. Quand on dispose des deux côtés du mur, on peut planter les ceps de vigne du côté opposé à celui que couvrent les arbres, et dans ce cas les ceps traversent, pour se trouver palissés à bonne exposition, des trous pratiqués dans le mur pour leur livrer passage. Les cordons de vigne qui courent au-dessus des arbres fruitiers en espalier ne doivent pas être à moins de 0^{m},40 au-dessous du sommet du mur, afin que le raisin qui naîtra sur leurs coursons palissés au-dessus des cordons puisse profiter de la chaleur reflétée par le haut de la muraille ; si les cordons étaient établis trop haut, les grappes, au lieu de profiter de la protection de l'espalier, seraient exposées à l'action des vents dans toutes les directions.

Sous le climat de Paris, et à plus forte raison sous celui des départements situés au nord de la vallée de la Seine, l'un des obstacles à la parfaite maturité du raisin des vignes en espalier, surtout dans des terrains frais et très-fertiles, c'est que les grains de raisin sont si nombreux dans les grappes, que celles-ci sont serrées et compactes au point que ni l'air ni la lumière ne peuvent pénétrer dans leur intérieur. Les amateurs de bon raisin ne doivent pas hésiter à s'armer d'une paire de ciseaux fins à l'époque où les grains du raisin sont devenus de la grosseur d'un pois, et à retrancher un bon tiers des grains de chaque grappe. Ils n'y perdront rien quant au poids de la récolte, car les grains conservés augmenteront de volume en raison de la suppression de leurs voisins ; ils y gagneront de récolter du raisin au lieu de verjus.

V. Taille et conduite du prunier, de l'abricotier, du cerisier.

Ces trois arbres à fruits à noyau sont plus cultivés en plein vent qu'en espalier ; l'abricotier seul tient souvent sur les murs à bonne exposition une place importante ; tous trois, du reste, donnent en espalier d'excellents produits, et s'ils s'y rencontrent rarement, c'est uniquement parce que, pouvant fructifier en plein vent, il est rationnel de les cultiver sous cette forme et de réserver pour l'espalier les arbres à fruits qui, comme le pêcher et la vigne, ne mûrissent parfaitement leur fruit que le long d'un mur à une exposition méridionale.

Branche de prunier.

Chez le prunier livré à lui-même, les pousses annuelles ne portent que des yeux à bois ; les boutons à fruit ne se montrent que sur le bois de deux ans. La taille doit donc avoir pour but de ménager sur les arbres le plus possible de bois de deux ans. Chez le prunier en plein vent, il suffit, après l'avoir greffé à haute tige, de l'établir sur trois ou quatre bonnes branches formant une tête régulière, et de retrancher une partie des pousses annuelles, pour que les productions fruitières soient toujours en nombre surabondant. C'est un arbre qu'il convient de tailler très-sobrement, et dont la conduite en plein vent n'offre aucune difficulté. Pour le prunier en espalier, la forme la meilleure est celle qu'on nomme *en éventail*, établie sur cinq ou six branches principales à égales distances, disposées comme les rayons d'un éventail ; on a soin de former les branches inférieures les premières, et de ne laisser croître les autres que successivement, quand les premières sont assez fortes pour que celles du milieu de l'éventail ne puissent pas détourner toute la séve à leur profit.

L'abricotier livré à lui-même porte sur ses rameaux d'un an des yeux à bois et des boutons à fruit ; ces rameaux n'emploient pas deux ans pour se mettre à fruit comme ceux du premier : c'est le trait distinctif de leur mode de végétation. A la taille, il faut donc toujours ménager autant que possible les pousses de l'année précédente, qui doivent porter l'espoir de la récolte. Sous quelque forme qu'on le conduise, l'abricotier est difficile à maintenir avec une régularité parfaite ; c'est celui des arbres à fruits à noyau qui est le plus sujet à perdre de

Branche d'abricotier.

grosses branches par mort subite ou par paralysie, ce qui dérange l'harmonie qu'on a cherché à établir dans ses différentes parties par une taille rationnelle. Les abricotiers en plein vent se forment sur trois ou quatre branches, comme le prunier.

Le cerisier, livré au cours naturel de sa végétation, prend une forme régulière sans le secours de la taille ; seulement, s'il était abandonné à lui-même, il s'établirait sur une seule tige principale, et prendrait une élévation qui rendrait difficile la récolte des cerises. On l'établit donc par la taille sur trois bonnes branches, comme le prunier et l'abricotier, après quoi on le laisse aller ; la taille annuelle se borne au retranchement des

Branche de cerisier.

branches qui font confusion ; pendant les premières années, on raccourcit modérément les pousses annuelles. Les bourgeons du cerisier, comme ceux du prunier, ne portent la première année que des yeux à bois et se mettent à fruit la seconde année.

Lorsqu'on plante en espalier un cerisier d'espèce précoce pour en obtenir des fruits mûrs de très-bonne heure, la meilleure forme sous laquelle on puisse le conduire est celle de palmette simple avec des cordons horizontaux peu éloignés les uns des autres ; il s'y prête d'ailleurs avec une parfaite docilité.

VI. Taille et conduite des arbres à fruits à pepins.

Les fruits à pepins, ainsi que nous l'avons fait observer (page 124), sont les plus précieux de tous ceux qu'il est possible d'obtenir sous le climat européen. Les arbres qui les produisent durent longtemps et conservent jusqu'à un âge très-avancé leur faculté productive ; ils tiennent pour cette raison le premier rang dans le jardin fruitier. Nous prendrons une idée exacte des principes de la taille de ces arbres en examinant, comme nous l'avons fait pour les arbres à fruits à noyau, leur mode naturel de végétation et la manière dont ils se comportent lorsqu'on les laisse pousser sans les tailler ni les conduire.

Le poirier est, sans contestation, le premier de tous les arbres fruitiers d'Europe : c'est donc sur lui que porteront principalement nos observations. Prenons sur un poirier en pleine croissance une branche de l'année, sortie au printemps d'un œil à bois. Nous la voyons, quelle que soit sa longueur, couverte exclusivement d'yeux à bois ; chacun de ces yeux est né dans l'aisselle d'une feuille. L'année suivante, ne touchons pas à cette branche, nous verrons tous ces yeux s'ouvrir ; les plus rapprochés de l'extrémité donneront seuls des rameaux qui, dans le cours de l'année, prendront plus ou moins de prolongement ; le bourgeon terminal seul se développera en un rameau semblable à celui sur lequel ont porté nos observations de la première année. Quant aux autres yeux, plus éloignés du terminal, nous les verrons entourés d'un cercle de feuilles, dont les fonctions sont de retenir une partie de la séve au profit de ces yeux, destinés à devenir plus tard des boutons à fruit. La troisième année,

Branche de poirier
non taillée.

nous remarquerons un nouveau prolongement du bourgeon terminal, de nouveaux bourgeons latéraux nés des yeux les plus rapprochés du terminal, et une nouvelle série d'yeux entourés de feuilles, en train de devenir des boutons à fruit. Les trois ans écoulés, pas un de ces derniers boutons ne sera prêt à fleurir; plusieurs années passeront encore avant que cette branche, âgée de trois ans, montre sa première fleur avec chance de donner son premier fruit.

Voilà comment se comporte le poirier qu'on s'abstient de tailler. L'observation de ces faits montre quel doit être le but de la taille et à quel penchant naturel de l'arbre cette opération doit remédier. Pour mieux saisir les effets de la taille, nous répéterons les observations qui précèdent sur une branche de poirier soumise à une taille rationnelle. La première année, le bourgeon qui formait à lui seul cette branche a été plus ou moins raccourci, selon la vigueur propre à son espèce et le tempérament de l'arbre auquel il appartient. Cette taille, en empêchant la séve de s'éparpiller entre un trop grand nombre d'yeux, en aura fait ouvrir seulement quelques-uns, dont le plus rapproché de la coupe formera le prolongement de la branche; ceux du bas, mieux nourris par suite de la même taille, auront déjà fait des progrès sensibles vers leur conversion en boutons à fruits, progrès manifestés par le nombre plus considérable de feuilles dont ils seront entourés. L'année suivante, le même raccourcissement de la pousse terminale produira un effet analogue; les bourgeons latéraux raccourcis eux-mêmes, ou supprimés s'ils sont superflus, assureront à la branche, dans un avenir prochain, une ample provision de productions fruitières ; enfin, dès la troisième année, les yeux du bas de la branche, que nous avons d'abord observés à l'état d'yeux à bois accompagnés d'une seule feuille chacun, seront des yeux à fruit, prêts à fleurir. La comparaison entre la branche livrée à elle-même et la branche taillée rend très-clairement compte des effets de la taille, tels que nous venons de les décrire. Ce qui précède contient les règles de la taille du poirier, sous quelque forme qu'il soit conduit.

Les trois formes usitées pour la conduite du poirier en espalier sont l'*éventail*, la *palmette simple* et la *palmette double* ; dans le jardinage moderne, cette dernière est la plus usitée.

On ne doit élever en plein vent que les poiriers dont le fruit adhère fortement à son pétiole, sans quoi les vents font tomber les poires aux approches de leur maturité, et elles s'écrasent en tombant sur le sol. L'une des formes les plus usitées pour le poirier, c'est la pyramide ; elle offre pour le fruit les avantages du plein vent, quant à l'air et à la lumière ; elle n'en a pas les inconvénients, en raison de sa moindre élévation, surtout lorsqu'on a soin de contenir les arbres dans le sens de la hauteur, en favorisant le développement de leurs branches latérales inférieures.

Branche de poirier taillée.

C'est un vrai chef-d'œuvre de l'art du jardinier qu'un beau poirier bien conduit en pyramide sous de belles proportions. Lorsqu'on plante un jeune poirier d'un an de greffe pour en faire une pyramide, sa pousse unique est absolument semblable au bourgeon d'un an de la branche que nous avons observée pour en étudier la taille ; c'est le produit de la végétation de l'année précédente ; il est la base de la pyramide. A la chute des feuilles, on le taille à 0^m,40 ou 0^m,50 au-dessus de l'insertion de la greffe, pour faire naître au-dessous de la taille des bourgeons dont le plus fort sera le prolongement de la tige ou *flèche;* les autres deviendront les bras inférieurs de la charpente de la pyramide. On supprime ceux qui ne sont pas nécessaires à la formation de ces bras; on choisit ceux qui doivent être maintenus, en ayant égard à ce principe, que, sur le tronc de l'arbre tout formé en pyramide, les branches devront se trouver espacées entre elles à 0^m,25, et disposées en spirale aussi régulièrement que possible. Cet arrangement n'est point arbitraire, et n'a pas seulement pour but la beauté du coup d'œil; il est le plus favorable à la bonne distribution de l'air et de la lumière à toutes les parties de l'arbre en pyramide.

A l'âge de sept ou huit ans, un poirier en pyramide bien formé et bien dirigé est en plein rapport; il s'y maintient pendant trente ou trente-cinq ans, et, dans les très-bons terrains, pendant plus d'un demi-siècle.

Les principes de la taille du pommier sont les mêmes que ceux de la taille du poirier, c'est-à-dire que, si nous reprenions l'observation d'une branche de pommier non taillée et d'une branche semblable soumise à une taille régulière, nous verrions s'y manifester les mêmes phénomènes de végétation que nous avons signalés sur deux branches de poirier. La conduite de ces arbres en plein vent et en pyramide est la même sous tous les rapports; seulement, les grands poiriers en plein vent, dont le bois est plus solide et moins souple que celui du pommier, n'ont pas besoin aussi souvent que les pommiers d'être débarrassés des branches superflues. Après chaque récolte un peu abondante, le pommier, dont le bois est plus flexible que celui du poirier, ayant fléchi sous le poids de ses pommes, garde une forme plus ramassée et moins élancée que celle du poirier; il a besoin de temps à autre d'être élagué pour que l'air et la lumière pénètrent sans obstacle dans toutes les parties de sa tête naturellement arrondie.

On obtient des pommiers nains en les greffant sur des sujets d'une espèce particulière qu'on nomme *paradis*. Les pommiers greffés sur paradis, ou, comme on dit par abréviation, les *pommiers paradis*, ne vivent pas longtemps et se maintiennent d'eux-mêmes sous de petites dimensions ; mais ils se mettent immédiatement à fruit, et, tant qu'ils durent, ils sont très-productifs : rien n'est plus commode pour les petits jardins que ces pommiers en miniature qui portent les plus belles pommes de chaque espèce.

Un autre genre de sujet qu'on nomme *doucin*, propre à la greffe de toutes les espèces de pommiers, forme des arbres en pyramides faciles à contenir dans des dimensions moyennes. Les grands pommiers pour plein vent ne se greffent que sur *franc*, c'est-à-dire sur des sujets obtenus par le semis de leurs pepins ; ces sujets sont également connus sous le nom d'égrains.

Le poirier se greffe habituellement soit sur *franc*, c'est-à-dire sur des poiriers obtenus de semis de pepins, soit sur cognassier. Les poiriers sur franc sont les plus forts et les plus durables ; les poiriers sur cognassier sont moins vigoureux et vivent moins longtemps, mais ils se mettent plus promptement à fruit. Dans le midi de la France, le cormier, le sorbier et les forts pieds d'aubépine reçoivent avec succès la greffe du poirier. On a essayé de greffer le poirier et le pommier l'un sur l'autre ; malgré la grande analogie de ces deux arbres, ces greffes, qui semblent très-bien prendre l'une sur l'autre, se détachent au plus tard au bout de trois ou quatre ans.

On voit qu'il manque pour le poirier un genre de sujet qui permette de l'élever à l'état nain et qui soit pour lui ce que les sujets de paradis sont pour le pommier. Les jardiniers obtiennent cependant des poiriers nains, mais d'une façon tout artificielle, par la taille des racines.

VII. Taille des racines du poirier.

Il arrive quelquefois qu'une racine de poirier, par une cause accidentelle que le jardinier n'aperçoit pas, *s'emporte*, comme le ferait sur l'arbre une *branche gourmande* ; quelquefois aussi, toutes les racines prennent un accroissement hors de proportion avec les dimensions du poirier. Alors, la végétation de l'arbre subit une grave perturbation ; il pousse une multitude de rameaux stériles et ne peut être mis à fruit. Dans ce cas, qui se présente rarement chez les poiriers plantés et soignés par un jardinier intelligent, on déchausse avec précaution le pied de l'arbre peu de temps après la chute complète de ses feuilles, afin de mettre à découvert la naissance des racines, dont on retranche une ou plusieurs, selon l'intensité du mal auquel on cherche à remédier : ce moyen réussit ordinairement.

La taille des racines se pratique d'une autre manière sur le poirier, dans un tout autre but. Des sujets greffés sur cognassier et préparés par la taille pour former des pyramides sont levés de terre à l'entrée de l'hiver et privés de toutes leurs racines, dont on ne laisse subsister que les tronçons ou *moignons* attenant au tronc de l'arbre ; tous les ans, on répète la même opération, de sorte qu'au lieu de racines, le poirier ainsi traité n'a qu'une masse toute ronde de *chevelu* ou racines fibreuses. Cette taille des racines arrête tout court la croissance des branches ; le poirier ne produit plus de bois, mais il se couvre de boutons à fruits, et donne pendant quelques années des récoltes abondantes de poires égales en qualité à celles des arbres de même espèce dont on n'aurait pas taillé les racines.

Les poiriers ainsi traités ne vivent pas longtemps ; ils ont besoin d'être soutenus par de forts tuteurs, et, comme ils manquent de racines pour aller au loin chercher dans le sol leur nourriture, ils doivent être plantés dans un sol saturé d'engrais très-consommé et fréquemment arrosés d'engrais liquide ; moyennant quoi, grâce à la taille des racines, le propriétaire d'un très-petit jardin peut réunir sur un espace très-limité tout un assortiment des meilleurs poiriers, et récolter une ample provision des meilleures poires précoces et tardives : car toutes les espèces de poiriers se prêtent également à ce genre de mutilation.

VIII. Palissage des arbres en espalier. — Treillage et abris.

Sous le climat de Paris et des départements situés au nord de Paris, la culture des arbres fruitiers en espaliers est pratiquée sur une grande échelle ; les arbres fruitiers cultivés en espaliers veulent être palissés, soit sur la surface du mur, soit sur un treillage dont cette surface est garnie. Les arbres peuvent être fixés sans intermédiaire sur la muraille ; ce genre de palissage n'est avantageux que quand les murs peuvent être à bon marché recouverts d'un enduit solide. C'est ce qui a lieu à Montreuil-aux-Pêches, où il existe de nombreuses carrières de plâtre. La branche qu'on veut palisser est enveloppée d'une petite bande de drap coupée carrément, dont on réunit les bouts pour les clouer dans l'enduit de plâtre dont le mur est revêtu. C'est ce qu'on nomme *palissage à la loque*. Les tailleurs de Paris vendent pour cet usage aux jardiniers de Montreuil et des communes voisines des quantités de rognures de toutes sortes d'étoffes de laine. Pendant les longues soirées d'hiver, les femmes et les enfants façonnent ces rognures en morceaux carrés, pour que le jardinier les trouve prêts au moment de s'en servir.

Tout le monde connaît le treillage ordinaire à mailles carrées formées de lattes de chêne, dont les murs garnis d'arbres fruitiers en espalier sont habituellement recouverts. Le palissage sur ce genre de treillage est le plus usité pour les pêchers et les autres arbres fruitiers, la vigne seule exceptée. Sur les murs à bonne exposition uniquement consacrés à la vigne en cordons, on n'établit pas de treillage ; on tend, à la distance de 0^m,30 les unes des autres, des lignes de gros fil de fer assujetti sur de gros clous. Une ligne sert à maintenir le cordon de vigne ; la ligne située immédiatement au-dessus sert à palisser dans une position verticale les sarments de l'année chargés de grappes, qui profitent ainsi complétement de la chaleur reflétée par la muraille à l'exposition du midi.

Les murs qu'on se propose de couvrir d'arbres fruitiers en espalier sont le plus souvent munis d'un *chaperon* en maçonneric dont la saillie reçoit des morceaux de bois ou de fer inclinés en avant, sur lesquels on pose au printemps des paillassons, afin de préserver les pêchers et les abricotiers en fleurs ou prêts à fleurir des effets désastreux des gelées tardives du printemps, qui leur sont si souvent fatales sous le climat de Paris. En Belgique, l'usage commence à s'introduire de substituer au treillage en bois des grillages en gros fil de fer à très-grandes mailles. Des supports en bois en potences mobiles sont passés dans les mailles de ce grillage sur lequel les arbres sont palissés, lorsque leur floraison est menacée d'être détruite par des retours de froids un peu sévères au printemps; des paillassons accrochés à ces supports protégent les arbres en fleurs.

IX. Arbres fruitiers hâtés et forcés.

Il est toujours agréable et souvent avantageux d'avancer par des moyens artificiels la maturité des fruits des arbres en espalier. Le plus simple de ces moyens consiste à accrocher au printemps au sommet du mur sur lequel ces arbres sont palissés des châssis mobiles couverts, les uns en verre, les autres en toile huilée. Sous ces abris, les pêchers, les abricotiers, les pruniers et les cerisiers en espalier fleurissent et nouent leur fruit, quelque temps qu'il fasse; sous les châssis vitrés la chaleur concentrée des rayons du soleil du printemps et de l'été fait devancer aux fruits, principalement aux pêches et brugnons, l'époque habituelle de leur maturité. Quand ces fruits sont ainsi hâtés de quinze à vingt jours, ils ont comme primeur une valeur considérable pour le jardinier de profession, et ils semblent au jardinier amateur de beaucoup supérieurs aux mêmes fruits récoltés dans leur saison naturelle.

A l'exception de la vigne, qui est forcée sur une assez grande échelle à Paris et dans les départements situés au nord de Paris, on force peu d'arbres fruitiers en France; quand le réseau de chemins de fer sera complété, on en forcera encore moins, les fruits précoces pouvant être reçus du midi très-rapidement et à très-bon marché; c'est une branche de l'industrie horticole qui se meurt; mais il suffit qu'elle subsiste encore pour que nous en exposions les principes.

Les jardiniers de profession qui forcent la vigne dans le but d'en vendre le raisin n'ont pas de serres pour cet usage. Ils élèvent en plein air des ceps de vigne conduits sur fil de fer et taillés pour les amener au maximum de leur force productive à l'âge de quatre ans. Des châssis vitrés mobiles sont alors ajustés devant et au-dessus de ces vignes; la terre disposée en talus et des planches garnies d'épais paillassons tiennent lieu de mur de fond à cette serre improvisée. A l'une des extrémités de la ligne de ces serres, qui a souvent plus de 60 mètres de long, un thermosiphon est établi temporairement dans une fosse, de manière à pouvoir faire passer les tuyaux d'eau chaude devant toute la longueur du rang des vignes à forcer. La chaleur habilement ménagée fait entrer immédiatement la vigne en végétation dès la fin de novembre. On obtient ainsi avant la fin de l'hiver ou dans les premiers jours du printemps du raisin qui ne vaut jamais celui de même espèce récolté dans sa saison naturelle, mais qui se vend souvent à des prix extravagants; il est vrai qu'il en a coûté fort cher pour le faire mûrir, même très-imparfaitement, par le procédé dont on vient de donner un aperçu.

On obtient du raisin forcé un peu moins précoce, mais beaucoup meilleur, en tapissant d'une vigne plantée à l'extérieur, et introduite par une ouverture ménagée à cet effet, le toit d'une serre tempérée à un seul versant, dont l'intérieur est consacré à la culture d'un assortiment de plantes et d'arbustes d'ornement. La taille et la conduite de la vigne ainsi forcée ne diffèrent en rien de la taille et de la conduite de la vigne à l'air libre.

Si vous disposez d'une serre semblable, plantez dans des pots d'assez grandes dimensions, en terre légère très-substantielle, des cerisiers greffés sur des sujets de Mahaleb ou Sainte-Lucie, rendus nains par ce genre de greffe; vous en trouverez de tout préparés chez la plupart des pépiniéristes. Aussitôt après la chute de leurs feuilles, placez-les dans la serre tempérée; ils ne demandent que des soins de propreté et des arrosages modérés, mais fréquents, pour fleurir et porter fruit avec abondance. Dès la fin de mars ou dans le courant d'avril, ces cerisiers nains chargés de fruits mûrs pourront être apportés sur la table au dessert, et vos convives auront le plaisir d'y cueillir eux-mêmes d'excellentes cerises ; ils les trouveront d'autant meilleures qu'elles seront plus en avance sur l'époque de leur maturité à l'air libre. Le groseillier blanc et rouge se force à la même époque et par le même procédé.

X. Groseilliers, framboisiers, arbres fruitiers méridionaux.

Nous plaçons à la suite des notions concernant les arbres fruitiers proprement dits, appropriés au climat moyen de la majorité de nos départements, quelques données sur les groseilliers, sur les framboisiers, et sur un petit nombre d'arbres à fruits dont la culture, d'ailleurs excessivement simple, n'est possible et avantageuse que dans nos départements les plus plus méridionaux.

Le *groseillier à grappes*, à fruit blanc et rouge, et le groseillier épineux connu sous son nom vulgaire de *groseillier à maquereau*, sont, ainsi que le framboisier, des arbustes à fruit indispensables dans le jardin fruitier ; les semis heureux en ont depuis quelques années multiplié et vulgarisé les meilleures variétés.

Le groseillier à grappes porte fruit sur la base des rameaux d'un an, mais en petite quantité ; le bois de deux ans et de trois ans est le plus chargé de boutons à fruit ; le bois de quatre ans est à peu près épuisé. Ainsi, la taille du groseillier doit avoir pour but de favoriser constamment la croissance du jeune bois, afin que les branches épuisées puissent toujours être remplacées par des branches de deux ans et de trois ans, à leur maximum de fertilité.

Quant au *groseillier épineux*, on peut le livrer au cours naturel de sa végétation, en ayant soin seulement d'élaguer les rameaux superflus qui rendraient les touffes trop serrées et ne permettraient pas d'en cueillir les fruits sans se piquer cruellement les doigts.

Le framboisier pousse tous les ans du pied des rejetons

nombreux qui permettent de supprimer ceux qui viennent de porter fruit. Au printemps, avant la reprise de la végétation, on taille les framboisiers en retranchant leurs sommités afin de concentrer la séve sur les yeux du milieu de la tige, qui donnent toujours les plus beaux fruits. La framboise ayant très-peu d'adhérence à son support, il est bon de rattacher les framboisiers à une ligne de treillage soutenue par des piquets, pour empêcher qu'une partie des fruits ne soit détachée par les vents violents et par conséquent perdue; car la framboise mûre a si peu de consistance qu'elle s'écrase en tombant, à moins qu'on ne prenne la sage précaution d'étendre, à l'époque de sa maturité, un lit de paille au pied des framboisiers.

Il nous reste à dire quelques mots du *mûrier*, de l'*amandier* et du *figuier*, dont le fruit, quoique propre aux climats méridionaux, peut cependant être obtenu de bonne qualité sous le climat de Paris, dans quelques localités privilégiées.

Le mûrier mûrit très-bien son fruit dans une situation suffisamment abritée; sa véritable place est à l'entrée d'un bosquet qu'il contribue à orner par la beauté de son feuillage lustré. Ses fruits ont plus encore que ceux du framboisier le défaut de ne pas adhérer à la branche et de tomber naturellement dès qu'ils sont mûrs, de sorte qu'il s'en perd toujours une grande partie. Cet arbre prend de lui-même une bonne forme et n'a pas besoin d'être taillé.

L'amandier fleurit de si bonne heure qu'on ne peut pas compter sur sa fructification; le proverbe dit en Provence : « Quand l'amandier fleurit en janvier, on récolte le fruit sans panier. » L'amande mûrirait à peu près tous les ans sur des arbres en espalier; mais ce fruit n'a pas assez de valeur pour qu'on donne aux amandiers, le long des murs à bonne exposition, la place qui revient à d'autres arbres plus précieux; nous le mentionnons pour mémoire. On peut en hasarder quelques pieds dans un lieu très-bien abrité; l'arbre végète exactement comme le pêcher de vigne et ne se taille point.

Le figuier, encore plus essentiellement méridional que l'amandier, ne passe l'hiver que lorsqu'il est couché avant l'arrivée des premiers froids, entouré soigneusement de paille, solidement attaché et recouvert de terre pour être dégagé au mois de mai de l'année suivante. C'est la manière dont on le fait hiverner au village d'Argenteuil, qui fournit à Paris de très-bonnes figues vers la fin de l'été, les années où il y a un été.

CONCLUSION.

Nous avons parcouru le cercle entier des divisions de l'horticulture, en nous renfermant dans la limite des notions que peuvent désirer ceux qui, sans vouloir devenir jardiniers de profession, souhaitent cependant d'être guidés dans la surveillance de la culture de leurs jardins et d'y prendre eux-mêmes une part active avec discernement et en connaissance de cause. Nous n'avons rien avancé qui ne soit admis dans la pratique et confirmé par l'expérience des horticulteurs les plus compétents ; nous avons été sobres d'indications pour les innovations qui n'ont pas encore reçu la sanction du temps, à l'épreuve duquel tant de procédés nouveaux ne résistent pas. La pensée qui a présidé à ce travail est celle de sa plus grande utilité pratique pour la partie du public auquel il est particulièrement destiné.

CATALOGUE DE FRUITS.

I. CHOIX DES MEILLEURES ESPÈCES D'ARBRES A FRUITS A NOYAU.

Dans la liste que nous allons donner des pêchers que nous regardons comme les meilleurs pour garnir les murs d'un grand jardin, nous indiquons plusieurs fruits qui ne sont que de deuxième qualité; ils méritent néanmoins une place sur l'espalier à cause de l'époque de leur maturité ; ils mettent le jardinier à même de fournir au dessert de belles pêches sans interruption pendant toute la durée de ce fruit.

Pêchers précoces.

Pêche belle de Jansseux, première qualité, petite, arbre très-fertile.
— hâtive de Hollande, première qualité, moyenne grosseur.
— Madeleine blanche précoce, première qualité, très-grosse.
— belle et bonne, première qualité, moyenne grosseur.
— pourprée hâtive de Duhamel, première qualité, moyenne grosseur.
— mignonne hâtive, deuxième qualité.
— avant-pêche blanche, deuxième qualité.
— jaune de Prusse, deuxième qualité.

Les pêchers de cette série réussissent mieux au sud-sud-ouest et au sud-sud-est qu'à l'exposition du plein midi.

Pêchers de pleine saison.

Pêche belle de Paris, moyenne grosseur, arbre très-fertile.

Pêche pucelle de Malines, gros fruit, première qualité.
— triomphe de Saint-Laurent, gros fruit, première
qualité.
— dannoid très-grosse, première qualité.
— grosse mignonne,   id.
— belle Beauce,   id.

Ces pêchers prospèrent à l'exposition du plein midi, bien qu'ils puissent se contenter des expositions indiquées pour les pêchers précoces.

Pêchers tardifs.

Pêche belle de Vitry, première qualité, mûrit fin septembre.
— royale,   id.   id.
— bon ouvrier,   id.   id.
— chevreuse,   id.   id.
— teton de Vénus,   id.   id.
— Léopold Ier, très-grosse, mûrit en octobre.
— jaune admirable abricotée, deuxième qualité, mais
très-belle.

On peut donner à ces pêchers indifféremment les expositions indiquées pour les pêchers précoces et pour ceux de pleine saison.

Abricotiers précoces.

Abricot d'Alexandrie, mûr en juillet, deuxième qualité.
— gros précoce, deuxième qualité.
— précoce de Hollande, deuxième qualité, très-productif.
— angoumois, petit, mais de première qualité.

Abricotiers tardifs.

Abricot-pêche, également beau et bon, première qualité.
— de Portugal, petit, mais de première qualité.
— royal, très-gros, première qualité.
— de Nancy, moyenne grosseur, très-productif.

Abricot commun ou crotté, moyenne grosseur, excellent goût.

Pruniers à fruit de dessert.

Prune de reine Claude, la meilleure de toutes.
—   reine Claude violette, première qualité.
—   queen Victoria,   id.
—   passe-monsieur,   id.
—   perdrigon violet,   id.
—   mirabelle de Metz, première qualité, fruit très-petit, mais excellent.
—   abricotée de Sageret, première qualité, moyenne grosseur.

Prunes à pruneaux.

N. B. Nous indiquons les meilleures de cette série, bien qu'elles soient particulièrement propres à figurer dans les grands vergers, et qu'elles sortent du domaine de l'horticulture proprement dite.

Prune robe de sergent, la première de toutes pour pruneaux.
—   Quëtsche de Malogne.
—   île Verte.
—   grosse Cornemuse.
—   Coë Golden Drop, d'Amérique.

Cerisiers précoces.

Cerise hâtive anglaise (May-Duke).
—   hâtive de Glymes.
—   bicolore de Van Mons.
—   admirable de Soissons, très-belle, mais deuxième qualité.

Cerisiers de pleine saison.

Cerise reine Hortense, la plus belle et la meilleure de toutes.

Cerise Holmans'Duke (Anglaise), première qualité.
—   belle Audigeoise,   idem.
—   belle de Spa,   idem.
—   de Portugal ou royale de Hollande, première qualité.
—   de Montmorency à courte queue, excellente, arbre peu fertile.
—   grosse de Waquelée, excellente, arbre très-productif.

Cerisiers tardifs.

Cerise Cherry-Duke (Anglaise), la meilleure des tardives.
—   tardive de Mons, première qualité.
—   noire tardive,   idem.

II. CHOIX DES MEILLEURES ESPÈCES D'ARBRES A FRUITS A PEPINS.

Poiriers précoces (fruit mûr de juillet en octobre).

Poire d'épargne ou de cueillette.
—   muscat Robert.
—   doyenné de juillet.
—   ah ! mon Dieu ! arbre excessivement fertile.
—   colorée d'août.
—   gros rousselet d'août.
—   rousselet de Reims.
—   beurré d'Amanlis.
—   Williams, très-grosse, une des meilleures de cette série.
—   bon chrétien d'été.
—   bonne d'Ézée.
—   gros Saint-Michel.
—   soldat laboureur.
—   Calebasse-Tougard.
—   Marie-Louise.
—   duc de Brabant.
—   Cumberland.
—   Beurré Spence.

Poiriers tardifs (fruit mûr de novembre en mai).

Poire reine des poires.
 — Louise d'Orléans.
 — bon chrétien Napoléon.
 — beurré d'Hardenpont ou goulu morceau.
 — délices d'Hardenpont.
 — Bouvier bourgmestre.
 — beurré de Rance.
 — Colmar Nélis.
 — comte de Flandre.
 — bonissime de la Sarthe.
 — beurré Bretonneau.
 — beurré Clairgeau de Nantes.
 — du pape.
 — bergamotte d'Esperen.
 — bergamotte de la Pentecôte.
 — crassane de mars.
 — enfant prodigue.

N. B. L'horticulture moderne a produit tant de bons fruits dans cette dernière série que la liste complète remplirait un volume.

Poiriers dont le fruit ne peut être mangé cru.

Poire de Martin sec.
 — Cotillard ou Catillac, volume énorme.
 — certeau d'automne.
 — Tarquin des Pyrénées.
 — impériale (arbre à feuilles de chêne, curieux).
 — Gros-Gilot.
 — belle de Noisette.

Pommiers à fruit précoce.

Pomme fraise (pour espalier).
 — rambour blanc d'été glacé.

Pomme Calville d'été, pomme de la Madeleine.
—   belle de Brabant.
—   grosse d'Amérique.
—   reinette monstrueuse.

Pommiers à fruit tardif (mûr de janvier en mai).

Pomme reinette de Caen.
—   —   de Bretagne.
—   —   d'Angleterre.
—   —   d'Allemagne.
—   —   de Portugal.
—   —   du Canada.
—   —   grise, la plus durable de toutes.
—   —   ponctuée.
—   Louis XVIII ou belle Dubois.
—   Calville blanc à côtes, la meilleure des pommes
     tardives.
—   court pendu blanc et rouge.

TABLE ALPHABÉTIQUE.

A.

C.

F.

I.

J.

K.

L.

N.

O.

Q.

R.

S.

T.

U.

V.

Z.

FIN DE LA TABLE ALPHABÉTIQUE.

TABLE DES MATIÈRES.

CHAPITRE V.

Les primeurs.

CHAPITRE VI.

Le jardin fruitier.

CHAPITRE VII.

Taille et conduite des arbres fruitiers.

CATALOGUE DE FRUITS.

FIN DE LA TABLE DES MATIÈRES.

TYPOGRAPHIE DE CH. LAHURE
Imprimeur du Sénat et de la Cour de Cassation
rue de Vaugirard, 9.

BIBLIOTHÈQUE
DES CHEMINS DE FER

Publiée par L. HACHETTE et Cie, rue Pierre-Sarrazin, n° 14, à Paris.

Les volumes qui composent cette bibliothèque se vendent dans les principales gares des chemins de fer et chez les principaux libraires.

LA BIBLIOTHÈQUE DES CHEMINS DE FER se composera d'environ cinq cents volumes; cent volumes ont déjà paru et plus de deux cents ouvrages sont sous presse ou en cours d'exécution.

Cette collection est spécialement destinée aux voyageurs. Occuper agréablement leurs loisirs forcés pendant le trajet, leur fournir des renseignements exacts et complets sur tout ce qui peut les intéresser en route et dans les lieux où ils séjournent; les AMUSER HONNÊTEMENT et leur ÊTRE UTILE, voilà le but qu'elle se propose, voilà sa double devise.

Les nombreux volumes qui formeront cette importante collection seront rédigés exprès, ou tirés des meilleurs auteurs français et étrangers, anciens et modernes. Chacun d'eux sera indépendant de tous les autres, et pourra être acheté isolément. Ils seront tous imprimés dans un format portatif et commode, en caractères très-lisibles, même pour les yeux les plus délicats. Le voyageur les placera facilement dans sa poche ou dans son sac de voyage. Pour lui éviter tout embarras, les feuilles seront coupées d'avance.

Le prix de chaque ouvrage sera indiqué sur la couverture.

Les ouvrages de la BIBLIOTHÈQUE DES CHEMINS DE FER se divisent en sept séries :

1° GUIDES DES VOYAGEURS.

Cette série comprendra : 1° des *Guides-itinéraires* descriptifs et historiques pour toutes les lignes de chemins de fer; 2° des *Guides-cicerone* à l'usage des voyageurs en France et dans les pays étrangers; 3° Des *Guides-interprètes*, ou Dialogues en langue française et étrangère; 4° des *Guides-indicateurs* pour les heures de départ et d'arrivée des convois, les correspondances avec les stations, le prix des transports, etc.

2° HISTOIRE ET VOYAGES.

Les faits les plus importants, les personnages les plus célèbres de l'antiquité et des temps modernes, deviendront le sujet d'autant de récits et de biographies. La réunion de ces volumes formera comme une galerie de tableaux où tous les grands hommes et tous les grands événements seront représentés sous leur aspect le plus dramatique.

Les Voyages fourniront un certain nombre de volumes. On explorera toutes les contrées du monde; et les pays les plus sauvages de l'Afrique et de l'Océanie, aussi bien que l'Italie, la Suisse, le Levant, seront tour à tour visités. Quelques voyages, dont le cadre sera fictif, mais dont les détails seront exacts, prendront place dans cette série.

3° LITTÉRATURE FRANÇAISE.

Romans, pièces de théâtre, contes, poésies, œuvres légères et sérieuses ; ici, le seul embarras sera de choisir. Les auteurs contemporains seront mis à contribution aussi bien que les auteurs classiques.

4° LITTÉRATURES ANCIENNES ET ÉTRANGÈRES.

La Bibliothèque des chemins de fer comprendra la traduction de quelques-uns des chefs-d'œuvre de l'antiquité. Les littératures anglaise, allemande, italienne, espagnole, russe et suédoise fourniront un certain nombre de romans, de contes et de récits dont plusieurs n'ont point encore été traduits.

5° AGRICULTURE, INDUSTRIE ET COMMERCE.

Cette série sera consacrée à de petits livres, destinés à propager les bonnes méthodes de culture, les découvertes et les innovations utiles. Toutes les questions qui ont de l'actualité, comme le drainage, les maladies des végétaux, les chemins de fer, l'industrie séricicole, etc., seront traitées par les hommes les plus compétents.

6° LIVRES POUR LES ENFANTS.

Les enfants auront leurs livres : livres amusants où ils trouveront beaucoup d'images. Ces petits voyageurs, que la route ennuie lorsqu'elle est longue, seront ainsi tranquillement occupés, et ne fatigueront ni leurs parents, ni leurs compagnons de voyage.

7° OUVRAGES DIVERS.

Il est certains ouvrages qu'il serait difficile de classer dans les séries qui précèdent; ainsi dans quelle catégorie placer un livre sur la sorcellerie, sur le magnétisme, sur la chasse, un livre sur la pêche, sur le *Turf* et les haras ? Sous le titre d'*Ouvrages divers*, les livres dont le sujet ne rentrera dans aucune des séries précédentes, seront rangés dans cette septième série, qui, par l'extrême variété qu'elle présentera, ne sera pas la moins intéressante.

3. LITTÉRATURE FRANÇAISE.
(Couleur cuir.)

ROMANS ET CONTES.

Ernestine — Caliste — Ourika (*Mmes Riccoboni, de Charrière et de Duras*)............. 1 fr. 75
Eugénie Grandet (*de Balzac*). 2 fr. 50
Graziella (*de Lamartine*).. 1 fr. 50
La Bourse (*de Balzac*)...... 50 c.
La Colonie rocheloise (l'abbé *Prévost*)................. 1 fr. 50
Les Oies de Noël (*Champfleury*). 1 f. 50
Palombe (*J. B. Camus*)...... 1 fr.
Paul et Virginie (*Bernardin de Saint-Pierre*)................. 1 fr. 25

Scènes de la vie politique (*de Balzac*)................. 50 c.
Ursule Mirouët (*de Balzac*). 2 fr. 50
Zadig ou la Destinée (*Voltaire*). 1 fr.

THÉÂTRE.

Le Joueur (*Regnard*)....... 75 c.
Théâtre choisi de *Lesage*.. 1 fr. 25
L'Avocat Patelin (*Brueys et Palaprat*)................. 50 c.
Les Arlequinades (*Florian*). 1 fr. 50
Théâtre choisi de *Beaumarchais*. 2 f.
La Métromanie (*Piron*)..... 75 c.
Le Philosophe sans le savoir (*Sedaine*)................. 75 c.

4. LITTÉRATURES ANCIENNES ET ÉTRANGÈRES.
(Couleur jaune.)

Aladdin, conte arabe..... 1 fr. 25
Contes d'*Auerbach*......... 1 fr.
Contes merveilleux d'*Apulée*. 1 f. 50
Costanza (*Cervantès*)....... 75 c.
Djouder le Pêcheur, conte arabe. 1 f.
Jonathan Frock (*H. Zschokke*). 75 c.
La Bataille de la vie (*Dickens*). 1 fr.
La Bohémienne de Madrid (*Cervantès*)................. 75 c.
La Case de l'oncle Tom (*Mrs Beecher Stowe*,................. 2 fr. 50

La Fille du Capitaine (*A. Pouschkine*)................. 1 fr. 50
La Fille du Chirurgien (*Walter Scott*)................. 2 fr.
La Mère du Déserteur (*id.*).. 1 fr.
Le Grillon du foyer (*Dickens*). 1 f. 50
Le mariage de mon grand-père. 1 fr.
Lettres de lady *Montague*. 1 fr. 25
Nouvelles choisies d'*Edgard Poë*. 1 f.
Nouvelles choisies de *Gogol*. 1 fr. 50
Tarass Boulba (*Gogol*).... 1 fr. 50

5. AGRICULTURE ET INDUSTRIE.
(Couleur bleue.)

Des substances alimentaires (*A. Payen*)............. 2 fr. 50 c.
Des Maladies de la Pomme de terre, de la Betterave, du Blé et de la Vigne (*A. Payen*). .... 2 f. 50

Les Chemins de fer français (*V. Bois*)................. 1 fr. 50

Télégraphie électrique (*V. Bois*). 1 f.

6. LIVRES ILLUSTRÉS POUR LES ENFANTS.
(Couleur rose.)

Choix de petits Drames et de Contes tirés de *Berquin*........... 2 fr.
Contes de Fées tirés de *Perrault*, de *Mme d'Aulnoy*, etc......... 2 fr.
Contes moraux de *Mme de Genlis*. Prix................. 1 fr. 75

Don Quichotte (*Cervantès*)... 2 fr.
Fables de *Fénelon*........ 1 fr. 50
La petite Jeanne ou le Devoir (*Mme Carraud*)....... 1 fr. 50 c.
Voyages de Gulliver (*Swift*). 1 fr. 50

7. OUVRAGES DIVERS.
(Couleur saumon.)

Anecdotes historiques et littéraires (*Brantôme, St-Simon*), etc. 1 fr.
Études biographiques et littéraires (*J. Le Fèvre-Deumier*). 2 fr. 50 c.
La Sorcellerie (*Louandre*)..... 1 fr.
Les Chasses princières en France (*E. Chapus*)............. 2 fr.

Le Turf (*E. Chapus*)........ 3 fr.
Mesmer et le Magnétisme animal (*E. Bersot*)................. 1 fr. 50
Souvenirs de Chasse, 1re partie (*L. Viardot*)................. 1 fr. 50 c.
Souvenirs de Chasse, 2e partie (*L. Viardot*)............. 1 fr. 50 c.

Un grand nombre d'ouvrages sont sous presse et paraîtront successivement.

Imprimerie de Ch. Lahure (ancienne maison Crapelet)
rue de Vaugirard, 9, près de l'Odéon.

IN
S
BIBLIOTHEQUE NATIONALE DE FRANCE
3 7531 04125918 6